住房和城乡建设部"十四五"规划教材

高职高专土建类"411"人才培养模式综合实务模拟系列教材

工程监理实务模拟（第二版）

主编　林滨滨　郑　嫣

中国建筑工业出版社

图书在版编目（CIP）数据

工程监理实务模拟 / 林滨滨，郑嫣主编. -- 2 版.
北京：中国建筑工业出版社，2024.7. --（住房和城
乡建设部"十四五"规划教材）（高职高专土建类"411
"人才培养模式综合实务模拟系列教材）. -- ISBN 978
-7-112-29961-4

Ⅰ. TU712

中国国家版本馆 CIP 数据核字第 20240MM398 号

本书在对全过程工程咨询和建设工程施工管理相关岗位所需的专业知识和专项能力系统分析的基础上，以工程项目施工和全过程咨询为背景，以能力培养为目标，以学生为主体，以行动导向方式组织课程教学，以典型工作任务为载体，采用学习领域课程开发模式，内容包括项目 1 施工图纸会审、项目 2 监理规划审核与监理细则编制、项目 3 施工策划审核、项目 4 施工质量检查、项目 5 施工安全检查、项目 6 施工进度控制、项目 7 工程造价控制、项目 8 建设工程合同管理以及项目 9 工程监理实务模拟成果评价和整理，相关课程内容旨在培养学生工程监理实务能力，指导学生能参与工程监理或全过程工程咨询的相关工作。

本书可作为高等职业院校土木建筑大类专业相应课程的教学用书，也可供建设工程技术类和建设工程管理类专业技术人员参考使用。

责任编辑：王予芊
责任校对：刘梦然

住房和城乡建设部"十四五"规划教材
高职高专土建类"411"人才培养模式综合实务模拟系列教材

工程监理实务模拟（第二版）
主编 林滨滨 郑 嫣

*

中国建筑工业出版社出版、发行（北京海淀三里河路 9 号）
各地新华书店、建筑书店经销
北京建筑工业印刷有限公司制版
天津画中画印刷有限公司印刷

*

开本：850 毫米×1168 毫米 1/16 印张：10¾ 字数：279 千字
2024 年 6 月第二版 2024 年 6 月第一次印刷
定价：**35.00** 元
ISBN 978-7-112-29961-4
（42108）

出版说明

党和国家高度重视教材建设。2016年，中办国办印发了《关于加强和改进新形势下大中小学教材建设的意见》，提出要健全国家教材制度。2019年12月，教育部牵头制定了《普通高等学校教材管理办法》和《职业院校教材管理办法》，旨在全面加强党的领导，切实提高教材建设的科学化水平，打造精品教材。住房和城乡建设部历来重视土建类学科专业教材建设，从"九五"开始组织部级规划教材立项工作，经过近30年的不断建设，规划教材提升了住房和城乡建设行业教材质量和认可度，出版了一系列精品教材，有效促进了行业部门引导专业教育，推动了行业高质量发展。

为进一步加强高等教育、职业教育住房和城乡建设领域学科专业教材建设工作，提高住房和城乡建设行业人才培养质量，2020年12月，住房和城乡建设部办公厅印发《关于申报高等教育职业教育住房和城乡建设领域学科专业"十四五"规划教材的通知》（建办人函〔2020〕656号），开展了住房和城乡建设部"十四五"规划教材选题的申报工作。经过专家评审和部人事司审核，512项选题列入住房和城乡建设领域学科专业"十四五"规划教材（简称规划教材）。2021年9月，住房和城乡建设部印发了《高等教育职业教育住房和城乡建设领域学科专业"十四五"规划教材选题的通知》（建人函〔2021〕36号）。为做好"十四五"规划教材的编写、审核、出版等工作，《通知》要求：（1）规划教材的编著者应依据《住房和城乡建设领域学科专业"十四五"规划教材申请书》（简称《申请书》）中的立项目标、申报依据、工作安排及进度，按时编写出高质量的教材；（2）规划教材编著者所在单位应履行《申请书》中的学校保证计划实施的主要条件，支持编著者按计划完成书稿编写工作；（3）高等学校土建类专业课程教材与教学资源专家委员会、全国住房和城乡建设职业教育教学指导委员会、住房和城乡建设部中等职业教育专业指导委员会应做好规划教材的指导、协调和审稿等工作，保证编写质量；（4）规划教材出版单位应积极配合，做好编辑、出版、发行等工作；（5）规划教材封面和书脊应标注"住房和城乡建设部'十四五'规划教材"字样和统一标识；（6）规划教材应在"十四五"期间完成出版，逾期不能完成的，不再作为《住房和城乡建设领域学科专业"十四五"规划教材》。

住房和城乡建设领域学科专业"十四五"规划教材的特点，一是重点以修订教育部、住房和城乡建设部"十二五""十三五"规划教材为主；二是严格按照专业标准规范要求编写，体现新发展理念；三是系列教材具有明显特点，满足不同层次和类型的学校专业教学要求；四是配备了数字资源，适应现代化教学的要求。规划教材的出版凝聚了作者、主审及编辑的心血，得到了有关院校、出版单位的大力支持，教材建设管理过程有严格保障。希望广大院校及各专业师生在选用、使用过程中，对规划教材的编写、出版质量进行反馈，以促进规划教材建设质量不断提高。

住房和城乡建设部"十四五"规划教材办公室

2021年11月

序　言

从 20 世纪 90 年代开始，随着我国固定资产投资规模的扩大，我国建筑业蓬勃发展，已成为国民经济的支柱产业之一。随着城市化进程的加快、新农村建设规划的推广、建筑业技术升级、市场竞争日趋激烈，急需大量的建筑技术应用型人才。人才紧缺已成为制约建筑业全面协调发展的障碍。我院从 1958 年办学以来为建筑行业输送了大量的人才，面对新形势下的办学，学院从多个方面对人才培养模式进行了探索和实践，构建了高职建筑类"411"人才培养模式。

"411"人才培养模式的构建是我院依据中国高等教育和职业教育发展的规律，结合我省建设行业发展的实际情况，经过长期的教学实践和理论探索积累而成的人才培养模式。它是我院教育工作者几代人坚持不懈努力集体智慧的结晶，是我院从原中等职业技术教育向高等职业技术教育转型的成果，是我院多年办学历史的见证。"411"人才培养模式的构建与实施，不仅见证了我院办学的发展历史，也代表了同一时期全国同类院校在高等职业教育发展的探索中取得的新的教育改革成果。

"411"人才培养模式是以培养高等技术应用型人才为目的，以职业能力为支撑，以实际工程项目为载体，以仿真模拟与工程实践为手段，以实现零距离顶岗为目标的人才培养模式。该人才培养模式通过前四个学期学习，使学生具备工程图识读、工程计算分析、施工技术应用、工程项目管理 4 个方面的专项能力；第五学期加强工学结合，通过在校内实施以真实的工程项目为载体的模拟仿真综合实践训练，使学生具备综合实务能力；第六学期在企业真实情境中进行实习，使学生具备就业顶岗能力。

为了更好地开展第五学期的模拟仿真综合实务训练，我院在多年教学实践和原编写的实训教学任务书和指导书的基础上，组织既有丰富工程实践经验，同时又有丰富教学经验的教师编写了高职高专土建类"411"人才培养模式综合实务模拟系列教材。

该系列教材是我院结合建设工程实际和建设行业高职发展趋势和教学需要，依据"411"人才培养模式的要求，在大量工程实践基础资料的基础上加以提炼编写而成。该系列教材与工程背景资料、工程技术资料库一起构成指导学生第五学期模拟仿真综合实训的配套资料。

此系列教材的出版不仅将有力地推动综合能力实训的开展，全面提高综合实训的质量，对全国同类高职院校综合实训项目的开展也有一定的指导作用，同时对本建设类专业技术和管理人员了解和从事工程实务工作也有一定的参考价值。

全国高职高专教育土建类专业指导委员会秘书长

土建施工类专业指导委员会主任委员

杜国城

修订版前言

能够开展工程监理实务，是工程监理工作的主要能力要求。为适应全过程工程咨询和监理行业对高素质高技能人才培养的需要，在以就业为导向的能力本位的教育目标指引下，与教育、企业和行业的专家长期合作，进行了系列的教学研究和教学改革，完成了对接岗位标准的全过程工程咨询和监理工作综合实务能力训练的工作手册式教材的编写。

本教材为在对全过程工程咨询和监理行业相关岗位所需的专业知识和专项能力科学分析的基础上，采用学习领域课程开发模式，以工程项目为背景，以能力培养为目标，以典型工作任务为载体，以行动导向方式组织课程教学，以学生为中心，帮助学生在建设工程的"施工图纸会审、监理规划审核与监理细则编制、施工策划审核、施工质量检查、施工安全检查、施工进度控制、工程造价控制、建设工程合同管理"等监理实务方面的能力进行进一步提升，为学生顶岗实践做好实务操作能力的准备。在教学内容的编排上，本书充分考虑了高职高专学生的学情与特点、培养目标和能力体系的要求，采用企业提供的丰富、真实的生产环境和工程实例，制作了形式多样的二维码课程资源，实现教材的多功能作用，充分体现了为能力训练服务的新形态教材的特色。

本教材先后获评住房城乡建设部土建类学科专业"十三五"规划教材和住房和城乡建设部"十四五"规划教材。

本教材由浙江省全过程工程咨询与监理管理协会与浙江省工程咨询与监理行业联合学院的相关理事单位共同编写，将用于"行业—学院—企业"三方共同培养全过程工程咨询产业链上的高等职业技术应用型和技能型人才。

本教材的编写获得了浙江建设职业技术学院工程造价学院双高专业群的课程教材建设计划安排和资助。根据专业负责人傅敏的思路，统筹和拟定的提纲，由浙江建设职业技术学院林滨滨（高级工程师、注册监理工程师）和浙江一诚工程咨询有限公司郑嫣（注册监理工程师）作为主编负责教材内容的编写，经过课程组成员浙江建设职业技术学院林滨滨、傅敏、余春春、褚晶磊的多次试用和改进，最后由浙江建设职业技术学院林滨滨负责统编定稿。本教材由浙江一建建设集团有限公司俞列（正高级工程师）浙江一诚工程咨询有限公司潘统欣（高级工程师）主审。本教材在编写过程中得到了浙江省全过程工程咨询与监理管理协会、浙江省工程咨询与监理行业联合学院的相关理事单位领导和专家的大力支持、帮助和指导，以及得到了浙江省全过程工程咨询与监理管理协会、浙江一诚工程咨询有限公司、浙江江南工程管理股份有限公司、浙江工程建设管理有限公司、浙江建效工程管理咨询有限公司等诸多单位和资深专家的大力支持和帮助，在此一并表示衷心的感谢！

本教材在写作过程中参考了众多相关的研究论文和著作，引用了大量的文献资料，吸收了多方面的研究成果，绝大部分资料来源已经列出，如有遗漏，恳请原谅。

由于高等职业教育的人才培养方法和手段在不断变化、发展和提高，我们所做的工作手册式新形态教材的编写也只在探索和尝试，且由于编者自身水平和能力有限，难免存在不妥之处，敬请提出宝贵意见。

第一版前言

《工程监理实务模拟》一书是浙江建设职业技术学院"411"人才培养模式下工程监理专业综合实务能力训练的核心课程之一，是一门实践性很强的综合实务能力训练课程。随着"411"人才培养模式理论研究的深入，教学实践经验的不断积累，以培养高等技术应用型人才为目标的教学理念不断明晰，确定把本训练课程放在"411"人才培养模式的第一个"1"中的第一个课程来实施，以期通过该实践性教学环节的强化，帮助学生牢固掌握建设工程监理规范、监理规划、监理实施细则、关键部位关键工序监理与旁站监理的基本知识；掌握工程监理的基本方法和措施、掌握监理规划、监理实施细则编制的方法与技巧；通过实际工程项目的实务模拟训练，帮助学生熟悉监理规划的内容、掌握监理实施细则编制技巧，掌握见证取样、旁站监理技术要点；熟悉工程监理资料的整理方法；使学生的综合实务能力进一步得到提升，为学生顶岗实践做好应用实务操作技术的准备。

本教材意在有针对性地介绍工程监理人员应该具备的实务知识和能力、对建筑工程施工监理要点作了比较详细而具体的介绍，本书除了作为综合实训教材以外，还可以作为具有一定建设工程监理从业工作经历的建设工程技术人员和管理人员的学习工程监理实务知识的参考书。

本教材内容尽量精练，共分为6个项目，项目1为工程建设监理实务和模拟基本知识；项目2为监理规划；项目3为监理实施细则；项目4为关键部位关键工序旁站监理；项目5为监理资料管理；项目6为安全监理；项目7为现场监理工作业务通用指导书。

本教材由张敏高级工程师、林滨滨高级工程师编著，项目1、2、3、4、5、7由林滨滨编写，项目6由张敏编写，全书由高级工程师郑大卫和石立安副教授主审。

本教材在编写过程中，得到了浙江江南工程建设监理有限公司、浙江工程建设监理有限公司、浙江建效工程监理有限公司、浙江质安建筑监理有限公司等诸多单位和专家的大力支持和帮助，在此一并表示衷心的感谢！

"411"人才培养模式是一套创新人才培养教学模式，在"411"人才培养模式"追求工程真实情境，提升学生顶岗能力"理念的指导下，"工程监理实务模拟"的方式和内容正处在不断探索之中，因此它还需要结合新技术、新工艺、新材料、新结构的发展不断地补充、完善，同时，编者水平有限，时间比较仓促，书中缺点与问题在所难免，恳请读者批评指正。

目　录

项目1　施工图纸会审

学习目标

（1）提升识读能力：掌握施工图的基本知识，能正确识读施工图，理解设计意图。

（2）提升独立校审能力：在正确识读施工图的基础上，能对施工图进行校对审核，发现图纸中的问题，并能够编制识读施工图自审与会审记录。

（3）提升解决问题能力：发现问题后，能解决一般的技术问题，或者提出修改建议。

（4）能在学习中获得识读施工图过程性（隐性）知识，同时建立工程技术精细化管理的基本观念。

施工图纸会审是建设单位组织施工、监理、勘察、设计等单位各专业技术人员对相关专业的图纸进行仔细阅读校对会商，以通过图纸会审形式，最大程度完善图纸缺陷，满足后期的施工需求，力求做到工程技术管理的精细化。

任务1.1　施工图阅读校对

1.1.1　课题工作任务的含义和用途

施工图阅读校对是施工图自审、会审的基础。全面、详尽阅读施工图是施工过程中进行技术实施的关键，是进行图纸自审和会审、钢筋翻样、模板翻样、装饰装修工程翻样等施工图纸深化工作的前提。

1.1.2　课题工作任务的背景和要求

在图纸会审前，建设、施工、监理等单位应组织各专业技术人员对相关专业的图纸仔细阅读校对，以利在图纸会审时最大限度地完善图纸缺陷，满足后期的施工需求，力求做到工程技术管理的精细化。

1.1.3　课题工作任务训练的步骤、格式和指导

1. 阅读浏览全套施工图

（1）总平面图：了解本工程所处位置的范围与周边地形、地貌、建（构）筑物、道路等之间的位置关系、间距等。

（2）总说明：本工程的基本概况、特殊要求、建筑与结构的材料要求以及基本做法要求等。

（3）建筑施工图：柱网，轴线布置，外形、平面和立面尺寸，基本功能，剖面高程布置等。

（4）结构施工图：结构形式、受力形式、传力路径等，构件材料、尺寸等的基本要求等，详见××学院学生公寓施工图阅读摘要表（表1-1）。

××学院学生公寓施工图阅读摘要表 表1-1

建设概况				
项目名称	××学院学生公寓			
建设地点	××高教园区			
项目用途或功能	学校			
建设单位	××学院		性质	公立学校
勘察	××工程勘察院有限公司		资质	甲级
设计	××建筑设计研究院有限公司		资质	甲级
监理	××监理有限公司		资质	甲级
施工	××建设有限公司		资质	一级
投资规模	24976.68万元		建设工期	755天
建筑规模	占地面积	14671.0m²	总高	12.2～54.35m
	总建筑面积	44793.36m²	地上层数	3～18层
	地下室面积	8315.65m²	地下层数	1层
设计概况				
建筑		工程等级	二级	使用年限	50年
		防火等级	一级	抗震等级	6度

建筑	主要装饰装修类型	内墙	高级乳胶漆涂料墙面、喷涂涂料墙面、瓷砖墙面、水泥批灰墙面、水泥砂浆墙面、600mm×600mmFC吸声墙面、防霉涂料
		外墙	高级弹性无机涂料墙面（保温）、高级弹性无机涂料墙面（不保温）、高级弹性无机涂料墙面（内保温＋外保温）、防潮地下室墙面
		顶棚	吸声顶棚、防霉涂料顶棚、高级涂料顶棚、喷涂涂料顶棚、水泥批灰顶棚、矿棉装饰板顶棚
		楼地面	细石混凝土地面、水泥砂浆地面、高级地砖楼面、水泥砂浆楼面、防滑地砖楼面、细石混凝土楼面、防静电架空活动楼面
		屋面	上人保温平屋面、非上人保温平屋面、种植屋面、细石混凝土屋面、上人非保温平屋面
		门窗	门：防火门、塑钢单框普通中空玻璃门、木门、多功能户门、任务门、断热铝合金普通中空玻璃门连窗、防火卷帘；窗：塑钢单框普通中空玻璃窗（推拉、平开窗、固定窗、高窗）、铝合金百叶窗、断热铝合金普通中空玻璃窗（上悬窗、平开窗、固定窗）
		踢脚	水泥砂浆踢脚、地砖踢脚
		坡道	混凝土汽车坡道、水泥砂浆自行车坡道、花岗岩（未经加工），花岗石（经过加工）坡道
		散水	水泥砂浆散水
		台阶	花岗岩（未经加工），花岗石（经过加工）台阶

续表

设计概况		
结构（形式、混凝土、钢筋、砖、砂浆、防水等）	基础	混凝土灌注桩基础
	主体	1号、2号、3号楼均为钢筋混凝土抗震墙结构，幼儿园、裙房为钢筋混凝土框架结构
	基坑支护	采用一排钻孔灌注结合一道内支撑的支护方案，钻孔灌注外侧布置一排连续搭接的水泥搅拌桩作为防渗止水帷幕
节能	墙体	外墙采用240mm厚陶粒混凝土砌块，外保温材料采用无机保温砂浆
	门窗	塑钢单框型材、普通中空玻璃、断热铝合金型材
	屋面	50mm厚挤塑聚苯保温屋面
安装	水	室内室外给水、室内室外排水、雨水系统
	电	照明系统、动力系统、电气系统、人防系统、接地系统，电话系统、宽带系统、楼宇对讲系统、有线电视系统、电表集抄系统及监控系统等
	电梯	垂直客梯14部
	其他	—

2. 校对建筑施工图

（1）校对各层平面图在同一轴线标注是否对应。

查看是否有同轴线错位标注的现象，是否有不同层平面在相同轴线间尺寸标注不一致，特别注意上下层墙、柱、梁的位置变化而引起轴线编号的改变部位，弄清变化后的轴线尺寸关系是否一致。

（2）校对上下各层平面图中，门窗位置、洞口尺寸是否一致。

对有变化的门窗要分析是否符合满足使用功能及美观效果要求，特别是外墙上的门窗洞口，上下层有变化时，一定要仔细核对是否与该外墙的外立面效果相符。

（3）校对每层平面图中尺寸、标高是否标注准确、齐全、清晰。

主要校对细部尺寸是否与轴线间距相符，分项尺寸是否与总体尺寸相符、门窗洞口尺寸是否与门窗表一致，洞口的位置、开闭方向是否与该房间内的家具、水、电等设备器具相协调，人的进出是否方便、采光通风是否良好。

（4）校对平面图中的大样图与索引图是否相符，大样图与节点剖面图是否相符。

这些整体与细部的图示，经常发生矛盾或不一致，也容易在设计和施工中被忽视。

3. 校对结构施工图

（1）基础结构图校对：主要校对基础图的轴线编号、位置是否与上部结构图、建筑图相符，基础柱、承台、基础梁的布置、断面尺寸、标高是否与上部结构图、建筑图相统一，基础柱、墙、梁、板的编号及配筋标注是否齐全、准确无误，受力结构配筋是否合理，还需根据基础结构的特点、开挖方式和可能遇到的其他不利因素，并综合考虑施工单位的施工技术条件、设备条件以及以往的施工经验等评估施工的可能性及难易程度。

（2）楼层结构图校对：重点校对上下层结构图轴线是否错位，门窗洞口位置是否错位等。尺寸标注、标高标注是否齐全、无误。各种结构件配筋标注是否编写齐全，有无漏注、漏配。结构平面大样图是否与结构节点详图一致。屋面结构图，特别是坡屋面结构图中造型比较复杂的屋面构架图，要重点看图纸是否全面、准确、清晰地反映其结构做法。

（3）其他内容校对：校对结构图上预留孔洞、预埋钢筋，结构施工缝的留设是否有注明及特殊要求，是否有加强构造做法。预埋管位置、数量、洞口尺寸等是否满足相应的专业图纸要求。

4. 各专业图纸之间的校对

（1）校对建筑、结构及总平面图、总说明与各专业图纸描述是否一致。

（2）校对各层建筑与结构轴线尺寸相符。

（3）校对建筑节点的结构做法是否一致，形状、尺寸是否相符。

根据上述校对要求，参照成果样本格式，填写校对内容及校对结果，详见××学院学生公寓施工图阅读校对表（表1-2）。

××学院学生公寓施工图阅读校对表　　　　表1-2

	校对内容	校对结果
总平面图校对	1. 是否标注了±0.000处的绝对标高	☑ 符合 □ 不符合，理由：
	2. 是否表示了外轮廓的轴线及总尺寸	☑ 符合 □ 不符合，理由：
	3. 是否表示了楼层数	☑ 符合 □ 不符合，理由：
	4. 是否表示了与主要道路及红线的关系	☑ 符合 □ 不符合，理由：
	5. 是否布置了道路及绿化	□ 符合 ☑ 不符合，理由：道路宽度未表示
	6. 是否列出了经济技术指标：总用地面积、总建筑面积、停车位数目、建筑密度、容积率、绿地率等	☑ 符合 □ 不符合，理由：
	7. 建筑周围是否设置环形消防车道，路宽和转弯处倒角半径是否满足消防要求	☑ 符合 □ 不符合，理由：
楼层平面图校对	1. 每层轴网是否一致，上下楼层轴线网编号是否一致	☑ 符合 □ 不符合，理由：
	2. 楼层地面标高是否标注，有水的外走廊、门廊、浴室、卫生间、开水房、消毒室等房间地面是否比相应楼层地面标高低	☑ 符合 □ 不符合，理由：
	3. 门窗是否编号，门是否按洞口尺寸、开启方式及构造不同而采用不同编号	☑ 符合 □ 不符合，理由：
	4. 疏散门的开启方向是否朝人流方向开启	☑ 符合 □ 不符合，理由：
	5. 楼梯间是否有跑向标注，首层上半跑，中间层上半跑、下一跑半，顶层下两跑	☑ 符合 □ 不符合，理由：
	6. 楼梯中间休息平台是否有标高标注，楼梯尺寸是否在平面图和剖面图上表达全面	☑ 符合 □ 不符合，理由：
	7. 一层平面图上是否有散水表达	☑ 符合 □ 不符合，理由：
	8. 一层平面图上是否有指北针表示房屋的朝向	☑ 符合 □ 不符合，理由：

续表

校对内容		校对结果
楼层平面图校对	9. 房间名称是否标注	☑ 符合 □ 不符合，理由：
	10. 卫生间等有水房间的地面是否有地漏，地面坡向是否有表达	□ 符合 ☑ 不符合，理由：地面坡度未标注
	11. 各层平面是否有楼面标高，休息平台标高，雨篷是否有标高	☑ 符合 □ 不符合，理由：
	12. 剖到的墙线是否加粗，柱子是否填充	☑ 符合 □ 不符合，理由：
屋顶平面图校对	1. 有构件要定位的轴线是否标注，没有定位构件的轴线是否消除	☑ 符合 □ 不符合，理由：
	2. 屋面标高一般标注结构层标高，是否有标注	☑ 符合 □ 不符合，理由：
	3. 雨水管是否布于排水分区的中部或房屋的阴角部位，雨水管间距是否满足实用间距的要求（18～24m）	☑ 符合 □ 不符合，理由：
	4. 檐口平面投影与剖面图中檐口是否一致	☑ 符合 □ 不符合，理由：
	5. 雨水管是否穿过外挑走廊，如果穿过了要改为沿墙安装水管面，而不要在靠栏杆一侧布置雨水管	☑ 符合 □ 不符合，理由：
	6. 至少要有一个楼梯间上屋顶，上屋顶的梯间的梯段投影是否表达？门槛要高出屋面300mm挡水，门槛投影是否表达	☑ 符合 □ 不符合，理由：
	7. 电梯机房的平面图是否表达	☑ 符合 □ 不符合，理由：
	8. 是否有局部屋顶的平面图	☑ 符合 □ 不符合，理由：
	9. 天沟是否有标高，天沟内排水坡度应为1%	☑ 符合 □ 不符合，理由：
	10. 是否表达排水坡度及方向，分水线，分隔缝	☑ 符合 □ 不符合，理由：
立面图校对	1. 尺寸及标高是否完备	☑ 符合 □ 不符合，理由：
	2. 雨篷是否表示	☑ 符合 □ 不符合，理由：
	3. 是否表示了立面材质	☑ 符合 □ 不符合，理由：
	4. 出屋面的楼梯间及电梯间是否表示	☑ 符合 □ 不符合，理由：
	5. 外轮廓及地平线是否加粗	☑ 符合 □ 不符合，理由：
剖面图	1. 是否剖到楼梯和反映主要建筑空间的内部变化？	☑ 符合 □ 不符合，理由：
	2. 室外地坪、室内地面、楼层地面、顶标高是否标注	☑ 符合 □ 不符合，理由：

续表

校对内容			校对结果
剖面图	3. 地平线与剖到墙体的关系是否正确		☑ 符合 □ 不符合，理由：
	4. 楼梯尺寸是否细化		☑ 符合 □ 不符合，理由：
	5. 投影是否与平面图对应		☑ 符合 □ 不符合，理由：
	6. 是否表示天沟		☑ 符合 □ 不符合，理由：
详图校对	1. 是否规范表示了详图索引、详图编号，要在相应的平面、立面、剖面中表示索引符号		☑ 符合 □ 不符合，理由：
	2. 与平面、立面、剖面是否对应		☑ 符合 □ 不符合，理由：
其他内容	—		□ 符合 □ 不符合，理由：

1.1.4 课题工作任务的成果

1. 施工图阅读摘要　　2. 施工图阅读校对

任务的成果按上述参考格式编制与提交。

1.1.5 课题工作任务训练的评价标准

按时完成任务（30%），文本和判断正确（50%），内容完整性（20%）。

1.1.6 课题工作任务训练注意事项

在记录前，要先弄清记录表格的填写次序和填写方法。其次提交课题工作任务训练成果，力求做到工程技术管理的精细化，尽最大努力精准解读施工图。

任务 1.2　施工图自审记录编制

1.2.1 课题工作任务的含义和用途

施工图自审是指各参建单位（建设单位、监理单位、施工单位）在收到施工图设计文件后，对图纸进行全面细致的阅读和校对的基础上，将不符合的问题进行汇总，针对疑问，从各自的角度寻求解答，对缺陷和错误提出完善建议，以便在图纸会审时由设计人员进行针对性解答和处理。

1.2.2 课题工作任务的背景和要求

在阅读校对施工图过程中，对发现的问题进行摘录并形成书面记录，在图纸会审前转达设计单位，设计人员在图纸会审之前能对自审疑问进行针对性的准备，以保证图纸会审的效果和顺利进行。

1.2.3 课题工作任务训练的步骤、格式和指导

1. 在阅读校对施工图的基础上，摘录图纸中的不符合问题和理由。
2. 按照任务成果样本格式，编制自审记录。自审记录格式详见 ×× 学院学生公寓图纸自审记录表（表 1-3）。

×× 学院学生公寓图纸自审记录表   表 1-3

建施：

1. 建施 -08B，三层平面图上 5 轴交 B ~ 1/B 轴位置是否为钢筋混凝土墙，尺寸为多少？
设计回复：

2. 建施 -03B 中门窗表尺寸与立面图对不上（C1530，MLC1824，C4327），以哪个为准？
设计回复：

结施：

1. 结施修 -05A 桩抗渗等级不低于 P8，是否有需要？
设计回复：

2. 结施修 -05A 说明静载前后应对静载桩进行桩身完整性检测，静载桩是否要做两次动测或声测？
设计回复：

电气：

地下室：AC-1 系统图中插座回路，在平面图中没有插座回路？
设计回复：

给水排水：

1. 水施修 -04B 和水消施 -01 接室外消防水池的取水位置在什么地方？
设计回复：

2. 室内雨水管第三层是否要增加检查口？
设计回复：

1.2.4　课题工作任务的成果

3. 图纸自审记录

任务的成果按上述参考格式编制与提交。

1.2.5　课题工作任务训练的评价标准

按时完成任务（30%），文本和记录正确（50%），内容的完整性（20%）。

1.2.6　课题工作任务训练注意事项

在记录前，要先弄清记录表格的填写次序和填写方法。其次提交课题工作任务训练成果，力求做到工程技术管理的精细化，尽最大努力精准校审施工图。

任务 1.3　施工图会审纪要编制

1.3.1　课题工作任务的含义和用途

图纸会审是由建设单位组织设计、监理、施工等建设主体参加的对施工图进行技术经济评议、完善的会议。在施工图会审中各单位对施工图的修改、补充或重新设计形成统一意见的记录为图纸会审记录，由主持人或委托代理人整理成文，并经各方签字盖章、审核生效，作为设计变更文件的会议纪要称为图纸会审纪要。

1.3.2　课题工作任务的背景和要求

在项目开工前，由建设单位组织图纸会审，事先解决施工过程中因施工图不完善引起影响施工进行的问题。施工图会审的深度和全面性将直接影响工程施工质量、进度、成本、安全以及施工的难易程度。

1.3.3　课题工作任务训练的步骤、格式和指导

1. 记录施工图自审记录的设计答复、会审中提出的其他问题以及各方达成的一致的处理意见。

2. 图纸会审后，将达成一致的相关问题处理意见，按照成果样本，××学院学生公寓图纸会审记录表（表1-4）编制会审纪要，各主体单位签章，经图纸审查合格后，作为补充设计文件使用。

×× 学院学生公寓图纸会审记录表　　　　表 1-4

工程名称	×× 学院学生公寓		编号	×××
			日期	年　月　日
设计单位	×××× 设计院		专业名称	土建
地点	建设单位会议室		页数	共 1 页，第 1 页
序号	图号	图纸问题	答复意见	
01	结施 06	KZ1 平面标注尺寸与详图尺	以详图为准	
02				
……				
签字栏	建设单位	监理单位	设计单位	施工单位

1.3.4　课题工作任务的成果

4. 图纸会审记录

任务的成果按上述参考格式编制与提交。

1.3.5　课题工作任务训练的评价标准

按时完成任务（30%），文本和描述正确（50%），内容完整性（20%）。

1.3.6　课题工作任务训练注意事项

在记录前，首先弄清记录的填写次序和填写方法；其次提交课题工作任务训练成果至智慧课堂平台，力求做到施工图管理的精细化，尽最大努力精准提出施工图存在的问题。

任务 1.4   课题工作任务训练质量评价

1.4.1 课题工作任务训练质量自我评估与同学互评

自我评估与同学互评详见课题工作任务训练质量自我评估与同学互评表（表1-5）。

课题工作任务训练质量自我评估与同学互评表   表 1-5

实训项目					
小组编号		场地		实训者	
序号	考核项目	分数	实训要求		自评 / 互评
1	按时完成任务	30	按时按要求完成课题工作任务实训		
2	文本和判断正确	50	成果符合要求，准确		
3	内容完整性	20	记录规范、完整		
实训知识点总结与学习反思：					
小组其他成员评价得分：					
组长评价得分： 评价时间：					

1.4.2 课题工作任务训练质量教师评价

教师评价详见课题工作任务训练质量教师评价表（表1-6）。

课题工作任务训练质量教师评价表   表 1-6

实训项目					
小组编号		场地		实训者	
序号	考核项目	分数	实训要求		教师评定
1	按时完成任务	30	按时按要求完成课题工作任务实训		
2	文本描述正确	50	实训成果符合要求，准确		
3	内容完整性	20	记录规范、完整		
完成课题工作任务存在的问题：					
指导教师： 评价时间：					

项目2　监理规划审核与监理细则编制

学习目标

（1）监理规划审核、监理细则编制能力：掌握监理规划、监理细则的基本概念与实务内容，能正确理解项目设计意图，能够审核监理规划、编制专业监理细则。

（2）监理规划、监理细则贯彻实施能力：在正确审核监理规划、编制专业监理细则的基础上，能将监理规划、监理细则精准贯彻实施，付诸监理的实际行动过程中。

（3）能在学习中获得监理规划审核和监理实施细则编制的过程性（隐性）知识，同时培养精准实施监理的思维与行为谨慎的职业习惯。

监理规划与监理细则都是监理文件的组成部分，它们具有不同的指导作用。

任务2.1　监理规划审核

2.1.1　课题工作任务的含义和用途

监理规划是在总监理工程师的主持下编制，经监理单位技术负责人批准，用来指导项目监理机构全面开展监理工作的指导性文件。

2.1.2　课题工作任务的背景和要求

监理规划应在签订建设工程监理合同及收到工程设计文件后，由总监理工程师组织专业监理工程师编制，监理单位技术负责人审批，并在第一次工地会议召开前报送建设单位。

根据《建设工程监理规范》GB/T 50319—2013要求，监理规划一般包括"工程概况""监理工作的范围、内容、目标""监理工作依据""监理组织形式、人员配备及进退场计划、监理人员岗位职责""监理工作制度""工程质量控制""工程造价控制""工程进度控制""安全生产管理的监理工作""合同与信息管理""组织协调""监理工作设施"12项内容。

2.1.3　课题工作任务训练的步骤、格式和指导

1. 收集勘察设计、招标投标、合同等文件，按照《××学校学生公寓监理规划》（以下简称"范本"）中工程概况表（表2-1）格式，从中摘录本工程的工程概况内容。施工概况可分阶段将了解、沟通和实施的理解和认识反映出来，以利于采取有效的监理方法、手段和对监理整

体部署做有效安排。

2. 参照范本编写本工程的工程特点。

3. 参照规范、教材和范本，按照监理工作的范围、内容和目标（表 2-2）格式，选择编写"监理工作的范围、内容和目标"。

4. 参照范本，按照监理依据（表 2-3）格式，增减修改"监理依据表"。

5. 参照范本，按照监理组织形式（图 2-1）格式，填写"监理组织图"。

（1）在监理组织框图中，选择相应的组织形式，填写对应岗位成员的姓名。

（2）按照人员进退场计划（表 2-4）格式编制"人员配备及进退场计划"。

（3）学习并引用范本中"监理人员岗位职责"，针对工程实际内容对范本进行必要的调整。

（4）学习并引用范本中"监理工作制度"，针对工程实际内容对范本进行必要的调整。

（5）学习并引用范本中"工程质量控制"的内容，针对工程实际内容对范本进行必要的调整。

（6）学习并引用范本中"工程造价控制"的内容，针对工程实际内容对范本进行必要的调整。

（7）学习并引用范本中"工程进度控制"的内容，针对工程实际内容对范本进行必要的调整。

（8）学习并引用范本中的"安全生产管理的监理工作"的内容，针对工程实际内容对范本进行必要的调整。

（9）学习并引用范本中"合同和信息管理"的内容，针对工程实际内容对范本进行必要调整。

（10）学习并引用范本中"组织协调"的内容，针对工程实际内容对范本进行必要的调整。

（11）参考范本，按照监理工作设施格式编制"监理工作设施"。

××监理有限公司

××学院学生公寓
监理规划

编制人：_____ 日期：_____年　　月　　日

审核人：_____ 日期：_____年　　月　　日

××监理有限公司

目　　录

一、工程概况表（表2-1）

工程概况表　　　　　　　　　　　　　　　　表2-1

1.1　建设概况				
项目名称	××学院学生公寓			
建设地点	××高教园区			
项目用途或功能	学校			
建设单位	××学院		性质	公立学校
勘察	××工程勘察院有限公司		资质	甲级
设计	××建筑设计研究院有限公司		资质	甲级
监理	××监理有限公司		资质	甲级
施工	××建设有限公司		资质	一级
投资规模	24976.68万元		建设工期	755天
建筑规模	占地面积	14671.0m²	总高	12.2～54.35m
	总建筑面积	44793.36m²	地上层数	3～18层
	地下室面积	8315.65m²	地下层数	1层
1.2　设计概况				
建筑	工程等级	二级	使用年限	50年
	防火等级	一级	抗震等级	6度
	主要装饰装修类型	内墙	高级乳胶漆涂料墙面、喷涂涂料墙面、瓷砖墙面、水泥批灰墙面、水泥砂浆墙面、600mm×600mmFC吸声墙面、防霉涂料	
		外墙	高级弹性无机涂料墙面（保温）、高级弹性无机涂料墙面（不保温）、高级弹性无机涂料墙面（内保温＋外保温）、防潮地下室墙面	
		顶棚	吸声顶棚、防霉涂料顶棚、高级涂料顶棚、喷涂涂料顶棚、水泥批灰顶棚、矿棉装饰板顶棚	
		楼地面	细石混凝土地面、水泥砂浆地面、高级地砖楼面、水泥砂浆楼面、防滑地砖楼面、细石混凝土楼面、防静电架空活动楼面	
		屋面	上人保温平屋面、非上人保温平屋面、种植屋面、细石混凝土屋面、上人非保温平屋面	
		门窗	门：防火门、塑钢单框普通中空玻璃门、木门、多功能户门、任务门、断热铝合金普通中空玻璃门连窗、防火卷帘； 窗：塑钢单框普通中空玻璃窗（推拉、平开窗、固定窗、高窗）铝合金百叶窗、断热铝合金普通中空玻璃窗（上悬窗、平开窗、固定窗）	
		踢脚	水泥砂浆踢脚、地砖踢脚	
		坡道	混凝土汽车坡道、水泥砂浆自行车坡道、花岗石（未经加工），花岗石（经过加工）坡道	
		散水	水泥砂浆散水	
		台阶	花岗石（未经加工），花岗石（经过加工）台阶	

续表

1.2 设计概况		
结构（形式、混凝土、钢筋、砖、砂浆、防水等）	基础	混凝土灌注桩基础
	主体	1号2号3号均为钢筋混凝土抗震墙结构，幼儿园、裙房为钢筋混凝土框架结构
	基坑支护	采用一排钻孔灌注结合一道内支撑的支护方案，钻孔灌注外侧布置一排连续搭接的水泥搅拌桩作为防渗止水帷幕
节能	墙体	外墙采用240mm厚陶粒混凝土砌块，外保温材料采用无机保温砂浆
	门窗	塑钢单框型材、普通中空玻璃、断热铝合金型材
	屋面	50mm厚挤塑聚苯保温屋面
安装	水	室内室外给水、室内室外排水、雨水系统
	电	照明系统、动力系统、电气系统、人防系统、接地。电话、宽带系统、楼宇对讲系统、有线电视系统、电表抄集及监控系统等
	电梯	垂直客梯14部
	其他	

1.3 环境概况	
水文、地质情况	地层由杂填土、淤泥软土、深部黏性土、冲洪积相的圆砾层、坡积含碎石粉质黏土及分化基岩等组成
拆迁、四通一平	1. 工程北面有建筑工地，南边为××路还在建设，西边为××路，红线在××路上需要协调；2. 建筑所在地有大量土方、淤泥
周边交通环境	道路四周为新建楼房及新建道路，公共交通设施未完全开通
周边工作、生活环境	由于场地淤泥较厚，施工条件较差，办公、生活等临时设置暂时未设置
测量基准点设置	高程：BM2：6.109 BM3：6.063 见下表

桩号	X	Y
J1	3094327.820	495078.900
J2	3094265.270	495083.080
J3	3094251.540	495089.860
J4	3094246.640	495104.360
J5	3094255.000	495229.370
J6	3094265.710	495252.320
J7	3094289.100	495262.030
J8	3094340.140	495263.220

水、电、通信接入点	已全部接通

二、监理工作的范围、内容、目标

2.1　监理工作的范围（表2-2）

监理工作的范围表　　　　　　　　　　　　表2-2

监理工作范围	监理工作内容	监理工作目标
施工阶段	三控两管一协调一安全监理	合格
勘察设计阶段	—	—
保修阶段	—	—
其他相关服务	—	—

2.2　监理工作的内容（主要指施工阶段监理工作）

1. 熟悉工程设计文件，并参加由委托人主持的图纸会审和设计交底会议。

2. 参加由委托人主持的第一次工地会议，主持监理例会并根据工程需要主持或参加专题会议。

3. 审查施工承包人提交的施工组织设计，重点审查其中的质量安全技术措施、专项施工方案与工程建设强制性标准的符合性。

4. 检查施工承包人工程质量、安全生产管理制度及组织机构和人员资格。

5. 检查施工承包人专职安全生产管理人员的配备情况。

6. 审查施工承包人提交的施工进度计划，核查承包人对施工进度计划的调整。

7. 检查施工承包人的实验室（包含施工单位的试块、试件等制作、养护室和为本工程提供检测的具有相关资质的检测单位）。

8. 审核施工分包人资质条件。

9. 查验施工承包人的施工测量放线成果。

10. 审查工程开工条件，对条件具备的签发开工令。

11. 审查施工承包人报送的工程材料、构配件、设备质量证明文件的有效性和符合性，并按规定对用于工程的材料采取平行检验或见证取样方式进行抽检。

12. 审核施工承包人提交的工程款支付申请，签发或出具工程款支付证书，并报委托人审核、批准。

13. 在巡视、旁站和检验过程中，发现工程质量、施工安全存在事故隐患的，要求施工承包人整改并报委托人。

14. 经委托人同意，签发工程暂停令和复工令。

15. 审查施工承包人提交的采用新材料、新工艺、新技术、新设备的论证材料及相关验收标准。

16. 验收隐蔽工程、分部、分项工程。

17. 审查施工承包人提交的工程变更申请，协调处理施工进度调整、费用索赔、合同争议等事项。

18. 审查施工承包人提交的竣工验收申请，并编写工程质量评估报告。

19. 参加工程竣工验收，签署竣工验收意见。

20. 审查施工承包人提交的竣工结算申请并报委托人。

21. 编制、整理工程监理归档文件并报委托人。

2.3　监理工作的目标

1. 质量达标。

2. 进度过程受控、按约竣工。

3. 按约正确审核工程款和工程竣工结算款。

4. 施工安全管控达标、防范合规。

5. 项目组织、管理协调有序，意见和建议科学合理。

6. 发现问题和风险，及时提醒业主、督促施工方避免违约。

7. 信息流转顺畅、满足规范要求，变更、索赔和违约的证据真实、完整、判断正确。

三、监理工作的依据（表 2-3）

监理工作依据表　　　　　　　　　　　　　　　　　　表 2-3

序号	法律、法规、标准	建设工程勘察设计文件	建设工程监理合同及其他合同文件
1	《建筑工程施工质量验收统一标准》 GB 50300—2013	××学院学生公寓地质勘察报告	××学院学生公寓建设工程监理委托合同
2	《建筑地基基础工程施工质量验收标准》 GB 50202—2018	××学院学生公寓施工图	××学院学生公寓施工总承包合同
3	《混凝土结构工程施工质量验收规范》 GB 50204—2015	××学院学生公寓设计变更单	……

四、监理组织形式、人员配备及进退场计划、监理人员岗位职责

4.1　监理组织形式

项目监理组织形式采用直线制监理组织形式，如图 2-1 所示。

优点：机构简单、权力集中、命令统一、职责分明、决策迅速、隶属关系明确。

缺点：实行没有职能部门的"个人管理"要求总监理工程师（总监）是全能人物。

适用：能划分为若干个相对独立的子项目的大、中型建设工程，也适用于按专业内容分解的小型建设工程。

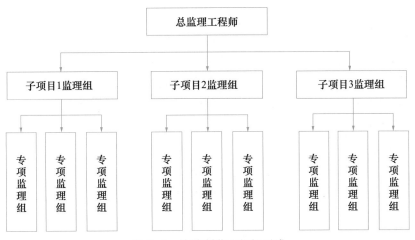

图 2-1　直线制监理组织形式

4.2　人员配备及进退场计划

人员配备及进退场计划，应该根据监理工作的需要陆续安排不同专业的监理人员进驻（表 2-4）。

人员配备及进退场计划　　　　　　　　　　　　　　　　表 2-4

	职务	总监	土建专监	安装专监	土建监理员	安装监理员	见证员
	姓名	张××	李××	赵××	王××	张××	林××
	专业	房建	房建	安装	房建	安装	房建
	职称	高工	工程师	工程师	助理工程师	助理工程师	助理工程师
	监理资格证书号	—	—	—	—	—	—
	联系电话	—	—	—	—	—	—
进退场计划		地基与基础	主体	屋面	装饰装修	室外配套	……
	总监（人）	（1）	（1）	（1）	（1）	（1）	
	土建专监（人）	（1）	（1）	（1）	（1）	（1）	
	安装专监（人）	（1）	（1）	（1）	（1）	（1）	
	土建监理员（人）	（4）	（2）	（1）	（1）	（1）	
	安装监理员（人）	（1）	（2）	（1）	（1）	（1）	
	见证员（人）	（1）	（1）	（1）	（1）	（1）	

4.3　监理人员岗位职责

1. 总监理工程师职责（总监不得将下列带★工作委托总监理工程师代表）

（1）确定项目监理机构人员及其岗位职责。

★（2）组织编制监理规划，审批监理实施细则。

★（3）根据工程进展及监理工作情况调配监理人员，检查监理人员工作。

（4）组织召开监理例会。

（5）组织审核分包单位资格。

★（6）组织审查施工组织设计、（专项）施工方案。

★（7）审查工程开复工报审表，签发工程开工令、暂停令和复工令。

（8）组织检查施工单位现场质量、安全生产管理体系的建立及运行情况。

★（9）组织审核施工单位的付款申请，签发工程款支付证书，组织审核竣工结算。

（10）组织审查和处理工程变更。

★（11）调解建设单位与施工单位的合同争议，处理工程索赔。

（12）组织验收分部工程，组织审查单位工程质量检验资料。

★（13）审查施工单位的竣工申请，组织工程竣工预验收，组织编写工程质量评估报告，参与工程竣工验收。

★（14）参与或配合工程质量安全事故的调查和处理。

（15）组织编写监理月报、监理工作总结，组织整理监理文件资料。

（16）公司规定的其他职责。

2. 专业监理工程师职责

（1）参与编制监理规划，负责编制监理实施细则。

（2）审查施工单位提交的涉及本专业的报审文件，并向总监理工程师报告。

（3）参与审核分包单位资格。

（4）指导、检查监理员工作，定期向总监理工程师报告本专业监理工作实施情况。

（5）检查进场的工程材料、构配件、设备的质量。

（6）验收检验批、隐蔽工程、分项工程，参与验收分部工程。

（7）处置发现的质量问题和安全事故隐患。

（8）进行工程计量。

（9）参与工程变更的审查和处理。

（10）组织编写监理日志，参与编写监理月报。

（11）收集、汇总、参与整理监理文件资料。

（12）参与工程竣工预验收和竣工验收。

（13）公司规定的其他职责。

3. 监理员职责

（1）检查施工单位投入工程的人力、主要设备的使用及运行状况。

（2）进行见证取样。

（3）复核工程计量有关数据。

（4）检查工序施工结果。

（5）发现施工作业中的问题，及时指出并向专业监理工程师报告。

（6）公司规定的其他职责。

4. 见证员职责

（1）在见证过程中要坚持原则，实事求是。

（2）参与制定项目监理部见证取样送检计划。

（3）对施工单位进场的材料质量和取样过程进行监督。

（4）对所取得的样品进行监护，并与取样员一起将样品送至有相应资质的检测机构委托检测，并在委托单上签字。

（5）参与见证检测机构开展的现场检测工作。

（6）公司规定的其他职责。

五、监理工作制度

5.1　图纸会审及设计交底制度

为贯彻设计意图，确保工程质量，项目监理部要积极参与图纸会审及设计交底会议，图纸会审及设计交底一般按单位工程或系统工程的划分召开，由建设单位主持，施工、监理及相关专业施工单位参加。在参加会议前，总监理工程师要组织监理人员对审查合格的施工图进行图纸自审，形成书面意见。各方在会议中向设计单位提出的疑问或建议，设计确认后由承包单位记录、整理形成《图纸会审纪要》，各方会签并经总监理工程师签认后作为施工依据。图纸会审的主要内容包括：

1. 图纸是否经设计单位正式签署，有无通过图审。

2. 核对施工图中的施工质量要求，技术文件是否齐全，与现行的施工技术规范的要求是否相符。

3. 设计图纸与说明是否齐全，有无分期供图的时间表。

4. 地质勘探资料是否齐全。如果没有工程地质资料或无其他地基资料，应与设计单位商讨。

5. 核对专业图之间、专业图内各图之间、图与表之间的规格、标号、材质、数量、标高等重要数据是否一致，是否有错、漏、碰、缺，如：

（1）土建预留孔、预埋件的规格、坐标、标高、数量和其他专业图是否一致或遗漏。土建结构是否满足设备吊装路线要求。各种外部管道、电缆、电线、同车间内部各专业图进出路线是否衔接一致，碰头地点是否明确。

（2）设备、管架、钢结构柱、金属结构平台、电缆电线支架以及设备基础是否与工艺图、电气图、设备安装图和到货的设备一致。

（3）传动设备随机到货图纸和说明书是否齐全，技术要求是否合理，与设计图纸及设计技术文件是否相一致，底座同土建基础是否相符，管口方位、接管规格、材质、坐标、标高是否与设计图纸一致。

（4）建筑结构与各专业图纸本身是否有差错及矛盾；结构图与建筑图的平面尺寸及标高是否一致；建筑图与结构图的表示方法是否清楚，是否符合制图标准；预埋件是否标示清楚；是否有钢筋明细表，若无，则钢筋混凝土中钢筋构造要求在图中是否说明清楚，如钢筋锚固长度与抗震要求是否相符等。

（5）结构部分大样图是否齐全，相互尺寸、标高是否一致，重点或特殊部位尺寸及技术标准是否明确。

（6）总平面与施工图的几何尺寸、平面位置、标高等是否一致；地基处理方法是否合理；建筑与结构构造是否存在不能施工、不便于施工，容易导致质量、安全或经费等方面的问题。

（7）施工图中所列各种标准图册本单位是否具备，若无，应如何取得。

（8）建筑材料来源是否有保证。图中所要求条件，本单位的条件和能力是否有保证。

6. 设计交底的主内容包括：

（1）设计文件依据。

（2）建设项目所处规划位置、地形、地貌、气象、水文地质、工程地质、地震烈度。

（3）设计意图。

（4）施工时应注意事项。

通过设计交底，施工人员分别熟悉审阅施工图纸，然后再组织图纸会审。

5.2 施工组织设计（方案）审核制度

工程开工前，施工单位按照《施工组织设计／（专项）施工方案报审表》报项目监理部，由总监理工程师组织专业监理工程师进行审查，提出意见、调整并经总监审核签认后报建设单位作为施工依据。对于一定规模的危险性较大的分部分项工程专项施工方案须报建设单位审批，包括：

（1）基坑支护与降水工程。

（2）土方开挖工程。

（3）模板工程。

（4）起重吊装工程。

（5）脚手架工程。

（6）拆除、爆破工程。

（7）国务院建设行政主管部门或者其他有关部门规定的其他危险性较大的工程，如高压管道打压、高耸建（构）筑物施工、采用三新（新技术、新工艺、新材料）施工、地下连续墙施工、建设公司首次接触的施工项目等。

对于深基坑、高支模等专项方案必须经专家论证同意后方可实施。

1. 施工组织设计审核内容

（1）编审程序应符合相关规定。

（2）施工进度、施工方案及工程质量保证措施应符合施工合同要求。

（3）资金、劳动力、材料、设备等资源供应计划应满足工程施工需要。

（4）安全技术措施应符合工程建设强制性标准。

（5）施工总平面布置应科学合理。

2. 专项施工方案审核内容

（1）编审程序应符合相关规定。

（2）方案内容应完整并符合相关要求。

（3）施工工艺合理、质量安全技术措施可靠。

（4）应急措施应切实可行。

5.3 工程开工、复工审批制度

1. 工程开工报审

工程开工前，由施工单位填写《开工报审表》（如浙建监 B2）报项目监理机构申请开工，总监理工程师接到开工申请后组织专业监理工程师审查施工单位报送的工程开工报审表及相关资料，同时具备以下条件的，由总监理工程师签署审查意见，报建设单位批准后，总监理工师签发《工程开工令》（如浙建监 A4）：

（1）已办理施工许可证。

（2）施工组织设计已由总监理工程师批准。

（3）施工单位现场质量、安全生产管理体系已建立，管理及施工人员已到位，施工机械具备使用条件，主要工程材料已落实。

（4）现场测量控制基准点已查验并符合要求。

（5）用于施工的设计图纸满足施工需要。

（6）设计交底和图纸会审已完成。

（7）施工现场设置的标准养护室符合要求。

（8）进场道路及水、电、通信等已满足开工要求。

2. 工程复工报审

暂停施工事件发生时，项目监理机构应如实记录所发生的情况。当暂停施工原因消失，具备复工条件，施工单位提出复工申请的，项目监理机构应审查施工单位报送的《复工报审表》（如浙建监 B3）及有关材料，符合要求后，总监理工程师应及时签署审查意见，报建设单位批准后，签发《工程复工令》（如浙建监 A2）；施工单位未提出复工申请的，总监理工程师应根据工程实际情况指令施工单位恢复施工。

5.4　整改制度

在施工过程中发现影响工程质量、安全、进度等隐患的，要及时通知施工单位落实整改，情况较严重或整改不到位或拒不整改的，项目监理部要及时签发《监理通知单》（如浙建监 A5）要求落实整改，整改完成后施工单位要以出具《监理通知回复单》（如浙建监 B9）上报监理单位，待监理单位组织复查合格后进入后续施工；对于建设单位和建设主管部门检查存在的问题，要及时督促施工单位落实整改，有整改通知单的要按照通知单要求落实，整改通知单要按地方格式要求做整改回复。具体整改要求如下：

（1）整改责任单位要按照建设主管部门的整改通知单或监理单位签发的《监理通知单》要求，对事故隐患认真整改，并于规定的时限内，报告整改情况并进行书面回复整改情况。整改期限内，要采取有效的防范措施，进行专人监控，明确责任，坚决杜绝各类事故的发生。

（2）施工单位整改完成后，经复查合格的总监理工程师在整改回复单或《监理通知回复单》（如浙建监 B9）上予以整改情况确认，整改回复单要按时送至建设主管部门以待复查，《监理通知单》要抄送建设单位。

（3）整改措施不到位，复查不合格的，向建设单位报告后签发《工程暂停令》或由主管部门发停工整改通知，直到整改合格后继续施工。

5.5　平行检验、见证取样、巡视检查和旁站

1. 平行检验

平行检验是指监理人员利用一定的检查或检测手段，在施工单位自检的基础上，按照一定的比例独立进行的工程质量检测活动。平行检验体现工程监理的独立性、工作的科学性，也是管理专业化的要求。项目监理机构要根据工程特点、专业要求以及建设工程监理合同约定，对施工质量进行平行检验。

（1）对进场工程材料、构配件、设备的检查、检测和复验按照各专业施工质量验收规范规定的抽样方案和合同约定的方式进行，并依据检测实况及数据编制报告归入监理档案。

（2）对分项工程检验批的检查、检测应按各专业施工质量验收规范的内容和标准对工程质量控制的各个环节实施必要的平行检测，并记录归入监理档案。检验批抽检数量不得少于该分项工程检验批总数的20%。

（3）对分部工程、单位工程有关结构安全及功能的检测抽检，工程观感质量的检查、评定等应按《建筑工程施工质量验收统一标准》GB 50300—2013及合同约定的要求进行。检测结果形成记录，并归入监理档案。

（4）对隐蔽工程的验收应按有关施工图纸及各专业施工质量验收规范的有关条款进行必要的检查、检测，并依实记录，归入监理档案。

（5）在平行检验中发现有质量不合格的工程部位，监理人员不得对施工单位相应工程部位的质量控制资料进行审核签字，并通知施工单位不得继续进行下道工序施工。

（6）监理人员必须在平行检验记录上签字，并对其真实性负责。

2. 见证取样

项目监理部根据工程特点和具体情况，编制工程见证取样送检计划（含材料进场报验、见证取样送检的范围、工作程序、见证人员和取样人员的职责、取样方法等），项目监理部要安排专人对用于本工程的材料、半成品、构配件取样及送检过程进行见证，并做好见证取样台账；对现场的实体检测进行见证，并做好现场检测登记台账。

（1）见证试验范围：

1）用于承重结构的混凝土试块。

2）用于承重墙体的砌筑砂浆试块。

3）用于承重结构的钢筋及连接接头试件。

4）用于承重墙的砖和混凝土小型砌块。

5）用于拌制混凝土和砌筑砂浆的水泥。

6）用于承重结构的混凝土中使用的掺加剂。

7）地下、屋面、厕浴间使用的防水材料。

8）预应力钢绞线、锚夹具。

9）沥青、沥青混合料。

10）道路工程用无机结合料稳定材料。

11）建筑外窗。

12）建筑节能工程材料。

13）钢材及焊接材料、高强度螺栓。

14）现场实体检测，如桩动载和静载、取芯、混凝土强度实体检测、钢筋保护层厚度实体检测、门窗现场物理性能检测、道路弯沉试验等。

15）国家规定必须实行见证取样和送检的其他试块、试件和材料。

（2）见证要求：

1）见证实验室必须通过省（或省以上）技术监督局对计量（CMA）和质量（CMC）认证，并且有省（或省以上）质量监督部门颁发的乙级（含乙级）以上试验检测资质证书的实验室。

2）见证人必须持有试验检测资格证书，见证人对见证样品的代表性、真实性负责。

3）试样或其包装上应做出标识、封条。标识和封条应标明样品名称、样品数量、工程名称、取样部位、取样日期，并有取样人和见证人签字。

4）承担有见证试验的实验室，在检查确认试样上的见证标识、封条无误后方可进行试验，否则应拒绝试验。

5）见证试验报告单必须由见证人签名盖章，而且加盖"见证试验"专用章。

（3）见证实验室的资质资格管理：

1）必须有CMA章，即计量认证，1年审查一次。

2）工程质量检测机构具有资质证书。

（4）见证取样和送检的程序：

1）取样：

施工单位负责材料取样和试件制作。

见证人员职责包括：① 对材料取样和试件制作见证；② 在试件或其包装上做标记；③ 填写《见证记录台账》。

2）送检：取样后将试件从现场移交给试验单位的过程。

3）收件：填写试件检测委托单。

4）试验报告：

① 试验报告应电脑打印；② 试验报告采用省统一用表；③ 试验报告签名一定要手签；④ 试验报告应有"有见证检验"专用章统一格式；⑤ 注明见证人的姓名。

5）报告领取：

第一种情况：检验结果合格，由施工单位领取报告，办理签收登记。

第二种情况：检验结果不合格，试验单位通知见证人上报监督站。由见证人领取试验报告。

在见证取样和送检试验报告中，实验室应在报告备注栏中注明见证人，加盖有"有见证检验"专用章，不得再加盖"仅对来样负责"的印章，一旦发生试验不合格情况，应立即通知监督该工程的建设工程质量监督机构和见证单位，有出现试验不合格而需要按有关规定重新加倍取样复试时，还需按见证取样送检程序来执行。

未注明见证人和无"有见证检验"专用章的试验报告，不得作为质量保证资料和竣工验收资料。

3. 巡视检查

巡视检查是监理人员对正在施工的部位或工序在现场进行的定期或不定期的监督活动，是监理工作的日常程序。

（1）监理人员必须做到对正在施工的作业区每日进行巡视检查。总监理工程师必须按计划定期组织各专业监理人员进行全面的拉网式巡视检查，形成制度化，监理人员在巡视过程中发现质量问题或质量隐患，要及时作出处置。

（2）现场巡视检查的主要内容如下：

1）是否按照设计文件、施工规范和批准的施工方案施工。

2）是否使用合格的材料、构配件和设备。

3）施工现场管理人员，尤其是质检人员是否到岗到位。

4）施工操作人员的技术水平、操作条件是否满足工艺操作要求、特种操作人员是否持证上岗。

5）施工环境是否对工程质量产生不利影响。

6）已施工部位是否存在质量缺陷。

（3）监理人员要将每日的巡视检查情况按实记入当天的监理日记中，不得缺、漏，对较大质量问题或质量隐患，宜采用照相、摄影等手段予以记录。

（4）对检查出的工程质量或施工安全问题除做记录外，要及时签发《监理工程师通知单》至施工单位签收处理，并答复。对重要问题应同时抄送建设单位。

（5）对检查出的重要问题按有关规定处理，并跟踪监控，记录备案。

4. 旁站

旁站监理是指监理人员在建筑工程施工阶段中，对关键部位、关键工序的施工质量实施全过程现场跟班的监督活动并将旁站情况详细记录形成《旁站记录》（如浙建监 A6）。

（1）项目监理部在编制监理规划或监理实施细则时，应当制定旁站监理方案，明确旁站监理范围、内容、程序、质量监控点和旁站监理人员职责等。

（2）项目的旁站方案随同项目监理规划报建设单位，旁站方案抄送施工单位以便协同配合。

（3）依据施工计划及实际发生的旁站监理范围时段，由总监理工程师及时安排实施旁站监理作业，将监理人员落实到位。

（4）在旁站监理过程中，发现重大的施工质量问题，总监理工程师应及时妥善处理，根据情况可召集专题会议协调解决，或立即召见施工单位项目负责人现场协调，必要时可下达局部暂停施工指令并报建设单位。

（5）对于需要旁站监理的关键部位、关键工序施工，凡旁站监理人员和施工单位现场质检人员未在旁站监理记录上签字的，不得进行下一道工序施工；凡没有实施旁站监理或没有旁站监理记录的，监理工程师或总监理工程师不得在相应文件及验收资料上签字。

（6）每一项旁站监理工作结束后，旁站监理人员必须及时整理旁站监理记录及相关文件，并及时归入监理档案。

（7）旁站监理人员的主要职责：

1）检查施工单位现场质检人员到岗、特殊工种人员持证上岗以及施工机械、建筑材料准备情况。

2）在现场跟班监督关键部位、关键工序的施工以及执行施工方案和工程建设强制性标准情况。

3）核查进场建筑材料、建筑构配件、设备和商品混凝土的质量检验报告等，并可在现场监督施工单位进行检验或者委托具有资格的第三方进行复检。

4）及时发现和处理旁站监理过程中出现的质量问题，如实准确地做好旁站记录和监理日记，保存旁站监理原始资料。

5）在旁站监理过程中，发现重大工程质量问题或施工活动可能危及工程质量的，除采取果断应急措施纠正或控制外，应立即报告总监理工程师处理。

（8）旁站监理范围：

1）地基与基础工程包括土方回填、灰土垫层、混凝土灌注桩浇筑，地下连续墙、土钉墙、后浇带及其他结构混凝土、防水混凝土浇筑，卷材防水层细部构造处理，钢结构安装等。

2）主体结构工程包括梁柱结点钢筋隐蔽工程，混凝土浇筑等。

3）隐蔽工程验收后的施工隐蔽作业全过程。

4）屋面防水工程。

5）装饰工程中一些与安全有关的重要部位，如玻璃幕墙施工作业。

6）水暖及通风空调工程的系统试压、冲洗、调试全过程（含阀件试压、安全阀及减压阀调试定压、散热器单体试压、雨水及排水管道灌水试验、通风与空调风管的严密性试验等）。

7）电气专业的系统调试及检测全过程。

8）进场材料的见证取样、送检的全过程。

9）监理规划中确定的本工程关键工序以及建设单位特别提出要求实施旁站监理的工程部位或工序。

5.6 工程材料、设备和构配件质量检验制度

工程材料、设备和构配件进场投入使用前，施工单位要及时填报《工程材料、设备和构配件报审表》，项目监理部接到《工程材料、设备和构配件报审表》后，由专业监理工程师组织相关人员对进场材料进行抽查，对未经监理人员验收或验收不合格的工程材料、设备、构配件，监理人员不得签署合格意见，同时应签发监理通知，书面通知施工单位限期将不合格的工程材料、设备、构配件撤出现场，已用于工程的应予以处理，并做好相关的记录。具体进场检验要求如下：

1. 用于工程的主要材料，进场时必须具备正式的出厂合格证和材质化验单。如不具备或对检验证明有怀疑时，应补作检验。

2. 工程中所有构件，必须具有厂家批号和出厂合格证。钢筋混凝土的预应力，钢筋混凝土构件，均应按规定的方法进行抽样检验。由于运输、安装等原因出现的构件质量问题，应分析研究，经处理鉴定后方能使用。

3. 凡标志不清或认为质量有问题的材料；对质量保证资料有怀疑或与合同规定不符的一般材料；由工程重要程度决定，应进行一定比例试验的材料，需要进行追踪检验，以控制和保证其质量的材料等，均应进行抽检；对于进口的材料设备和重要工程或关键施工部位所用的材料，则应进行全部检验。

4. 材料质量抽样和检验的方法，应符合《建筑材料质量标准与管理规程》，要能反映该批材料的质量性能，对于重要构件或非匀质的材料，还应酌情增加采样的数量。

5. 现场配制的材料，如混凝土、砂浆、防水材料、防腐材料、绝缘材料、保温材料等的配合比，应先提出试配要求，经试配检验合格后才能使用。

6. 对进口材料、设备应会同商检局检验，如核对凭证发现问题，应取得供方和商检人员签署的会商记录，按期提出索赔。

7. 高压电缆、电压绝缘材料、要进行耐压试验。

8. 要重视材料的使用认证，以防错用或使用不合格的材料。

5.7 隐蔽工程验收、分部分项工程质量验收制度

相关工序、隐蔽、分部分项工程完成后，施工单位要及时填报《检验批、分项报审、报验表》及《分部工程报验表》，项目监理部收到相关报验表后，有专业监理工程师对施工单位报验的隐蔽工程、检验批、分项工程进行验收，提出验收意见，符合要求后予以签认；专监理工程师要对分部工程进行资料审查，并参加现场验收，总监理工程师要组织相关责任主体单位对

分部工程质量进行验收，符合要求后予以签认。分包工程由施工单位对分包单位完成的工程进行质量检查，符合要求的报项目监理机构验收，未经施工单位检查的分包工程，不予验收。项目监理机构要建立验收台账，及时准确反映验收情况。

隐蔽工程主要隐蔽检验项目及内容有：

（1）地基验槽：建筑物应进行施工验槽，检查内容包括基坑位置、平面尺寸、持力层核查、基底绝对高程和相对标高、基坑土质及地下水位等，有桩支护或桩基的工程还应进行桩的检查。地基验槽检查记录，应由建设、勘察、设计、监理、施工单位共同验收签认。地基需处理时，应由勘察、设计单位提出处理意见。

（2）土方工程：基槽、房心回填前检查基底清理、基底标高、基底处理情况等。

（3）支护工程：对锚杆进行编号，检查锚杆、土钉的品种、规格、数量、位置、插入长度、钻孔直径、深度和角度等。检查地下连续墙的成槽宽度、深度、垂直度、钢筋笼规格、位置、槽底清理、沉渣厚度以及边坡的放坡情况等。其他支护亦按此做隐检记录。

（4）钢筋混凝土灌注桩工程：检查钢筋笼规格、尺寸、沉渣厚度、清孔情况，嵌岩桩的岩性报告等。

（5）地下防水工程：检查混凝土变形缝、施工缝、后浇带、穿墙套管、预埋件等设置的位置、形式和构造；人防出口止水做法；防水层基层，防水材料规格、厚度、铺设方式、阴阳角处理、搭接密封处理等。

（6）钢筋工程：检查绑扎的钢筋品种、规格、数量、位置、锚固和接头位置、搭接长度、保护层厚度和除锈、除污情况；钢筋代用及变更；拉结筋处理、洞口过梁、附加筋情况等。应注明图纸编号、验收意见，必要时应附图说明。

检查钢筋连接形式、连接种类、接头位置、数量及焊条、焊剂、焊缝长度、厚度及表面清渣和连接质量等；检查抗震结构的抗震钢筋安装情况。

（7）预应力工程：检查预留孔道的规格、数量、位置、形状、端部预埋垫板；预应力筋下料长度、切断方法，竖向位置偏差、固定、护套的完整性；锚具、夹具连接点组装质量等。

（8）外墙（内）外保温，隔声处理构造节点做法。

（9）楼地面工程：检查各基层（垫层、找平层、隔离层、防水层、填充层、地龙骨）材料品种、规格、铺设厚度、方式、坡度、标高、表面情况、密封处理、粘结情况等。

（10）抹灰工程：应检查界面剂情况，抹灰总厚度大于或等于35mm时的加强措施，不同材料基体交接处的加强措施。

（11）门窗工程：检查预埋件和锚固件、螺栓等的规格数量、位置、间距、埋设方式、与框的连接方式、防腐处理、缝隙的嵌填、密封材料的粘结等。

（12）吊顶工程：检查吊顶龙骨及吊件材质、规格、间距、连接方式、固定方法、表面防火、防腐处理等；外观情况、接缝和边缝情况，填充和吸声材料的品种、规格、铺设、固定情况等。

（13）轻质隔墙工程：检查预埋件、连接件、拉结筋的规格位置、数量、连接方式、与周边墙体及顶棚的连接、龙骨连接、间距、防火、防腐处理、填充材料设置等。

（14）饰面板（砖）工程：检查预埋件、后置埋件、连接件规格、数量、位置、连接方式、防腐处理等；有防水构造的部位应检查找平层、防水层的构造做法，同地面工程检查。

（15）屋面工程：检查基层、找平层、保温层、防水层、隔离层材料的品种、规格、厚度、铺贴方式、搭接宽度、接缝处理、粘结情况；附加层、天沟、檐沟、泛水和变形缝、屋面突出部分细部做法、隔离层设置、密封处理部位、刚性屋面的分隔缝和嵌缝情况等。

（16）幕墙工程隐检：

1）检查预埋件、后置埋件和连接件的规格、数量、位置、连接方式、防腐处理等。

2）检查构件之间以及构件与主体结构的连接节点的安装及防腐处理。

3）幕墙四周、幕墙与主体结构间隙节点的处理、封口的安装；幕墙伸缩缝、沉降缝、防震缝及墙面转角节点的安装；幕墙防雷接地节点的安装等。

4）幕墙的防火层构造的设置与处理。

（17）钢结构工程隐检：

1）检查预埋件、后置埋件和连接件的规格、数量、连接方式、防腐处理等；检查地脚螺栓规格、位置、埋设方法、紧固等。

2）钢结构的焊接、保温的措施。

（18）直埋于地下或结构中，暗敷设于沟槽内、管井、不进入顶内的给水、排水、雨水、供暖、消防管道和相关设备以及有防水要求的套管：检查管材、管件、阀门、设备的材质与型号、安装位置、标高、坡度；防水套管的定位及尺寸；管道连接做法及质量；附件使用，支架固定以及是否已按照设计要求及施工规范规定完成强度、严密性、冲洗等试验。

（19）有保温隔热、防腐要求的给水、排水、供暖、消防、喷淋管道和相关设备检查绝热方式、绝热材料的材质与规格、绝热管道与支吊架之间的防结露措施、防腐处理材料及做法等。

（20）埋于结构内的各种电线导管：检查导管的品种、规格、位置、弯扁度、弯曲半径、连接、跨接地线、防腐、管盒固定、管口处理、敷设情况、保护层、需焊接部位的焊接质量等。

（21）利用结构钢筋做法的避雷引下线：检查轴线位置、钢筋数量、规格、搭接长度、焊接质量，与接地极、避雷网以及均压环等连接点的焊接情况等。

（22）等电位及均压环暗埋：检查使用材料的品种、规格、安装位置、连接方法、连接质量、保护层厚度、防腐处理等。

（23）接地极装置埋设：检查接地极的位置、间距、数量、材质、埋深、接地极的连接方法、连接质量、防腐处理等。

（24）外金属门窗、幕墙与避雷引下线的连接：检查连接材料的品种、规格、连接位置和数量、连接方法和质量等。

（25）不进入吊顶内的电线导管：检查导管的品种、规格、位置、弯扁度、弯曲半径、连接、跨接地线、防腐、需焊接部位的焊接质量、管盒固定、管口处理、固定方法、固定间距等。

（26）不进入吊顶内的线槽：检查材料品种、规格、位置、连接、接地、防腐、固定间距及与其他管线的位置关系等。

（27）直埋电缆：检查电缆的品种、规格、埋设方法、埋深、弯曲半径、标桩埋设、电缆接头情况等。

（28）不进入电缆沟的敷设电缆：检查电缆的品种、规格、弯曲半径、固定方法、固定间距、标识情况等。

（29）有防火要求时，桥架、电缆沟内部的防火处理。

（30）敷设于竖井内，不进入吊顶内的风道（包括各类附件、部件、设备等）：检查风道的标高、材质、接头、接口严密性，附件、部件安装位置，支、吊、托架安装、固定，活动部件是否灵活可靠、方向正确、风道分支、变径处理是否合理、符合要求，是否已按照设计要求及施工规范规定完成风管的漏光、漏风检测以及空调水管道的强度、严密性、冲洗等试验。检查风道、风管穿过变形缝处的补偿装置。

（31）有绝热、防腐要求的风管、空调水管及设备：检查绝热形式与做法、绝热材料的材质和规格、防腐处理材料及做法。绝热管道与支架之间应垫以绝热衬垫或经防腐处理的木衬垫，其厚度应与绝热层厚度相同，表面平整，衬垫接合面的空隙应填实。

（32）检查电梯承重梁、起重吊环埋设，电梯钢丝绳头灌注，电梯井道内导轨、层门的支架、螺栓埋设、安全接地等。

（33）隐蔽工程验收记录，经有关各方面验收签证后生效。

5.8　单位工程验收制度

1. 单位工程有分包单位施工时，分包单位对所承包的工程项目应按检验批、分项工程、分部工程的验收程序进行检查，总包单位应派人参加。

2. 分包工程完成后，应将工程有关资料交总包单位。单位工程完工后，施工单位应自行组织有关人员进行检查评定，合格后填写《单位工程竣工验收报表》并附上相关竣工资料报项目监理部；收到施工单位的《单位工程竣工验收报表》及相关竣工资料后，总监理工程师应组织专业监理工程师，依据有关法律、法规、工程建设强制性标准、设计文件及施工合同，对施工单位报送的竣工资料进行审查，并对工程质量进行竣工预验收。

3. 对存在的问题，应及时要求施工单位整改。整改完毕，由总监理工程师签署《单位工程竣工验收报表》并加盖执业章，在此基础上提出《工程质量评估报告》。《工程质量评估报告》应经总监理工程师和监理单位技术负责人审核签字，并报建设单位。

4. 预验收合格后，由建设单位（项目）负责人组织施工（含分包单位）、设计、监理等单位（项目）负责人进行单位（子单位）工程验收。当参加验收各方对工程质量验收意见不一致时，可请当地建设行政主管部门或工程质量监督机构进行协调。

5. 在竣工验收时，对某些剩余工程和缺陷工程，在不影响交付的前提下，经建设单位、设计单位、施工单位和监理单位协商，承包单位应在竣工验收后的限定时间内完成。

单位工程的验收要点：

（1）单位（子单位）工程所含分部（子分部）工程的质量均应验收合格。

（2）质量控制资料应完整。

（3）单位（子单位）工程所含分部工程有关安全和功能的检测资料应完整。

（4）主要功能项目的抽查结果应符合相关专业质量验收规范的规定。

（5）观感质量验收应符合要求。

建筑工程质量验收不符合要求时的处理：

（1）对不符合要求的工程需要进行返工处理，或需要加固补强的质量缺陷，项目监理机构应要求施工单位报送经设计等相关单位认可的处理方案，并应对质量缺陷的处理过程进行跟踪检查，同时应对处理结果进行验收。

（2）通过返修或加固处理仍不能满足安全使用要求的分部工程、单位（子单位）工程，严禁验收。

5.9　监理工作报告制度

1.　监理月报

总监理工程师每月要组织编写《监理月报》，以具体数字说明施工进度、施工质量、资金使用情况、重大安全质量事故情况、有价值的工作经验、社会环境情况、存在的问题、建议以及监理工作情况等并按约定时间上报给建设单位。

《监理月报》编写内容：

（1）本月工程实施情况。

（2）本月监理工作情况。

（3）本月施工中存在的问题及处理情况。

（4）下月监理工作重点及有关建议。

（5）工程相关照片。

2.　评估报告

当工程主体结构、幕墙、节能等竣工后，施工单位及时上报相关竣工总结，监理单位根据施工总结自检情况并结合监理情况提出相关评估报告报建设单位；工程预验收合格后，监理单位提出工程质量评估报告，经总监理工程师、监理公司技术负责人审核签章后报建设单位。

工程质量评估报告内容：

（1）工程概况、工程各参建单位。

（2）工程施工过程介绍。

（3）工程质量验收情况。

（4）质量控制资料核查情况。

（5）工程质量事故及其处理情况。

（6）工程质量评估结论。

3.　其他监理报告内容

（1）每年末，监理工程师根据年度监理工作情况，对本监理范围的年度监理工作进行总结并上报建设单位及建设主管部门。

（2）对施工中出现的安全、质量事故以及在监理权限内难以解决的施工问题应及时上报建设单位及相关主管部门。

（3）监理工程师应认真落实上级下达的各项指令，监督施工单位完成下达的各项整改要求，并将整改完成情况及时上报。

（4）当工程出现变更和影响施工进度的事项时，总监理工程师应组织专业监理工程师及时收集变更资料并分析原因，如实上报给建设单位。

5.10　安全生产监督检查制度

项目监理部每月要进行一次对施工单位生活区、施工工地现场全面安全检查，检查由专业监理工程师组织监理人员及施工单位相关人员参加。发现问题立即通知相关责任人限期整改，并作好相关记录，如经复查仍未整改到位的当即下发《监理工程师通知单》，督促其整改到位。专业监理工程师和现场监理人员日常巡查工地时，也要对现场的安全文明施工进行监督检查，发现问题需立即处理，必要时发出书面通知。

1. 检查的范围

施工单位的安全文明施工管理体系及台账资料、施工现场安全文明管理情况及生活办公区、生活区安全管理情况。

2. 检查方法

（1）通过文件审查、安全检查签证、旁站和巡视等监理手段，及时发现事故隐患并督促施工单位及其他相关责任单位采取有效措施及时整改，实现对施工安全的有效控制。

（2）采取专项安全监理和现场安全监理相结合的方法。专项安全监理是指对施工单位的施工许可证、人员资质进行核查，对施工组织设计中的安全方案、专项安全方案和安全生产责任制的落实等有关方面的台账等内容的审核把关；现场安全监理是指采取旁站、平行检验等方式，对施工现场及作业过程中专项方案是否落实、机具设备是否完好、安全技术交底是否执行，作业人员是否严格执行安全施工操作规程和安全防范措施是否到位以及是否存在重大隐患进行监理。

（3）监理部开展以月为单位的集中安全监理检查制度，并积极配合和参加建设单位组织的定期安全检查，对被查单位签发安全检查意见书，集中的安全监理检查要形成书面汇报材料，发现严重问题要及时下发安全隐患整改通知单，并要求承包人限期整改，书面回复备案，并及时组织复查。

（4）监理人员开展日常安全监理检查并作好相应的监理记录，认真填写《安全检查签证记录表》《安全旁站监理记录表》，发现问题必须立即按安全监理程序进行处理，现场无法处理的要及时向专业监理工程师或总监理工程师汇报，问题严重的向建设单位甚至建设主管部门汇报备案，必要时下发停工指令。

（5）总监理工程师要定期对监理人员的日常检查工作和台账进行检查和评价，作为监理部内部考核的依据；

（6）监理部要审查施工组织设计中的安全方案和专项安全方案是否符合工程建设强制性标准，对不符合要求的坚决不予开工；审查必须严格仔细，审查人员签署相应的审查意见并签名。

（7）监理工程师对本月内日常安全监理的情况进行汇总、分析后以《监理月报》形式报送建设单位备案。

5.11 质量安全事故和处理制度

当出现工程质量、安全事故时，项目监理机构要及时要求施工单位报送质量事故调查报告和经设计等相关单位认可的处理方案，并对事故的处理过程进行跟踪检查，同时对处理结果进行验收。项目监理机构要及时向建设单位和工程监理单位提交有关质量事故的书面报告，质量事故处理完毕后，应将完整的质量事故处理记录整理归档。

（1）发生一般工程质量安全事故时，监理工程师要及时签发《监理工程师通知单》（必要时征得业主同意后由总监理工程师签发《工程暂停令》），待施工单位或设计单位提出处理方案，取得业主同意后，由监理监督，施工单位负责处理，并报送项目监理部备案。

（2）发生较大及以上质量安全事故时：

1）监理工程师要及时签发《监理工程师通知单》（必要时，征得业主同意后由总监理工程师签发《工程暂停令》）；并督促施工单位必须在事故发生后24h内向建设行政主管部门或质量

（安全）监督站报告，建（构）筑物的主要结构倒塌或因事故造成人员伤亡的，施工单位应在12h内报告，并逐级上报至住房和城乡建设部，事故原因、经济损失情况可待查后报告；同时应保护好现场，做好记录。

2）施工单位、监理单位、设计单位并会同业主尽快提出事故调查报告和处理方案（通常有加固、返工、限制使用等处理方案）。

3）施工单位实施处理方案时，监理人员要跟踪监督。

4）完工后要进行验收鉴定，鉴定结论有以下几种：

① 事故已排除，可继续施工；② 隐患已消除，结构安全有保证；③ 经加固处理后，能够满足使用要求；④ 基本满足使用要求，但应限制使用；⑤ 对耐久性的结论；⑥ 对建筑物外观影响的结论；⑦ 对短期难以作出结论者，可提出进一步观测检验的意见。

5）发生质量事故后，不得隐瞒，必须严肃对待，查明原因，分析责任，认真处理。

5.12　工程变更处理制度

项目监理机构在得到建设单位处理工程变更授权的前提下，由总监理工程师对施工单位提出的工程变更按照相关合同有关条款进行审核并签认。

1. 工程变更的必要性、合理性审核

（1）设计单位对原设计存在的缺陷提出的工程变更，应编制设计变更文件；建设单位或施工单位提出的工程变更，应填写《工程联系单》交总监理工程师，由总监理工程师组织专业监理工程师审查；当工程变更涉及安全、环保等内容时，还应按规定经有关部门审核。

（2）经对该工程变更的必要性、合理性进行审查同意后，由建设单位转交原设计单位编制设计变更文件。

2. 工程变更所需的费用和工期等的审核

（1）施工单位填写《工程联系单》，将此表及必要的附件（设计变更文件、工程变更所需的费用和工期等）交总监理工程师审核。

（2）总监理工程师根据实际情况和有关资料，按照施工合同的有关条款，组织专业监理工程师对工程变更的费用和工期进行审核，并就审核情况与建设单位和施工单位进行协调。

（3）经协商达成一致后，建设单位与施工单位在工程变更文件上签字，总监理工程师签发《工程联系单》。

（4）在建设单位与施工单位未能就工程变更的费用等方面达成协议时，项目监理机构应提出一个暂定的价格，作为临时支付工程进度款的依据。该项工程款最终结算时，应以建设单位和施工单位达成的协议为依据，由总监理工程师签发《工程联系单》。

（5）在总监理工程师签发工程变更单之前，施工单位不得实施工程变更。

（6）未经总监理工程师审查同意而实施的工程变更，项目监理机构不得予以计量。

5.13　监理会议及会议纪要签发制度

1. 第一次工地会议

在施工合同、委托监理合同已经签订、项目监理机构已组成并进驻现场、施工单位管理班子到位、监理规划已经编制并经审核后，工程开工之前应召开第一次工地会议。第一次工地会议由建设单位主持召开，也可受建设单位委托，由监理单位主持召开。第一次工地会议应包括

以下主要内容：

（1）建设单位介绍工程项目概况、工程建设目标和相关要求。

（2）建设单位、施工单位和工程监理单位分别介绍各自驻现场的组织机构、人员及其分工。

（3）建设单位根据监理合同宣布对总监理工程师的授权。

（4）建设单位介绍本工程开工准备情况。

（5）施工单位介绍施工准备情况。

（6）建设单位和总监理工程师对施工准备情况提出意见和要求。

（7）总监理工程师介绍监理规划的主要内容。

（8）研究确定各方在施工过程中参加监理例会的主要人员，召开监理例会的周期、地点及主要议题。

2. 监理例会

在施工过程中，总监理工程师应定期主持召开监理例会，会议的具体周期依据第一次工地会议的确定时间及周期召开，监理例会包括以下主要内容：

（1）检查上次例会议定事项的落实情况，分析未完事项原因。

（2）检查、分析工程项目进度计划完成情况，提出下一阶段进度目标及其落实措施。

（3）检查、分析工程项目质量状况，针对存在的质量问题提出改进措施。

（4）检查安全生产、文明施工实施情况，针对安全隐患和文明施工存在的问题提出整改意见。

（5）检查工程量核定及工程款支付情况。

（6）解决需要协调的有关事项。

（7）提出下一步工作计划。

（8）商讨其他有关事宜。

第一次工地会议和监理例会均应形成会议纪要。第一次工地会议纪要由项目监理机构负责起草，并经与会各方代表会签，监理例会的会议纪要应由项目监理机构负责起草，并经与会各方代表会签。对于会议纪要，项目部根据记录整理编写会议纪要。会议纪要的主要内容应包括：

（1）会议名称、地点及时间。

（2）会议主持人。

（3）出席者的姓名、单位、职务。

（4）会议的主要内容及决议的事项。

（5）各项工作落实的负责单位、负责人和时限要求。

（6）其他需要记载的事项。

会议纪要的文字要简洁、内容要清楚、用词要准确。会议纪要经总监理工程师审查确认后送交打印。会议纪要分发到有关各方时要有签收手续。与会各方如对会议纪要有异议时，应在签收后 3d 内以书面文件反馈到项目监理部，并由总监理工程师负责处理。会议原始记录、会议纪要文件及反馈的文件应作为监理资料存档。

3. 专题会议

总监理工程师或专业监理工程师应根据需要及时组织专题会议，解决施工过程中的各种专项问题。专题会议应由总监理工程师或专业监理工程师主持，建设单位、承包单位及其有关单位参加。由项目监理部起草形成会议纪要，经与会各方代表会签。专题会议纪要的编制、签发要求与工地例会纪要相同。

5.14　工程款支付审核、签认制度

按建设工程施工合同规定日期和方式，由施工单位上报《工程款支付申请表》及有关材料；专业监理工程师根据施工合同审核要求，对合格的工程进行计量并审核施工单位上报的工程量和工程款。监理工程师审核后填写《工程款支付证书》，并附上经审核的有关工程量、工程款的资料报总监理工程师审查，总监理工程师签署《工程款支付证书》后上报建设单位。

工程款支付审核要求：

（1）严格执行建设工程施工合同中所约定的合同价、单价和工程款支付方式。

（2）当工程质量验收不合格，不符合施工合同约定的工程部位与内容，项目监理机构不得进行工程计量。

（3）工程量计算应符合有关计算规则。

（4）工程量及工程款支付的审核应符合建设工程施工合同约定的时限要求。

（5）工程计量和工程款支付出现争议时，应采取协商的方法确定，在协商无果时，按施工合同约定处理。

5.15　工程索赔审核、签认制度

1. 承包商向业主的索赔

（1）工期索赔

1）工程延期的受理范围：

① 非承包单位的责任使工程不能按原定日期开工；② 工程变更导致工期增加；③ 非承包单位原因停水、停电（地区限电除外）、停气造成一周内停工累计超过 8h；④ 国家及有关部门正式发布的政策性文件；⑤ 不可抗力事件；⑥ 建设单位同意工期相应顺延的其他情况。

2）项目监理部受理施工单位提出工程延期的条件：

① 工程延期事件发生后，施工单位在合同约定期限内提交了《工程临时延期申请表》（如浙建监 A8），当影响工期事件具有持续性时，应持续在合同约定期限提交阶段性的《工程临时延期申请表》；② 承包单位按合同约定提交了有关工程延期事件的详细资料和证明材料（包括施工日志、各种施工进度表、会议记录、与监理的谈话记录、来往文件、电报、传真、照片、录像、检查记录、验收报告、财务报表等各种原始凭证）；③ 当影响工期事件具有持续性时，工程延期事件终止后，施工单位在合同约定的期限内，应提交最终的《工程临时延期申请表》。

3）工程延期事件发生后，项目监理部应做的工作：

① 向建设单位转发施工单位提交的《工程临时延期申请表》；② 对工程延期事件随时收集资料（包括监理日志、天气情况、延误事实及时间、人力、机械设备闲置情况等）并作好记录；③ 对工程延期事件进行分析、研究、对减少损失提出建议；④ 在处理工程延期的过程中，还要书面通知承包单位采取必要的措施，减少对工程的影响程度。⑤ 审查施工单位提交的《工程临时延期申请表》是否符合如下要求：

A. 申请表填写齐全，签字、印章手续完备。

B. 证明资料真实、齐全。

C. 在合同约定的期限内提交。

4）工程延期的审核要点：

① 工程延期事件是否属实（要严格区别由于承包单位自身原因造成的工期延误）；② 工程延期申请是否符合合同约定的时限；③ 工程延期申请依据的合同条款是否准确；④ 工程延期事件必须发生在被批准的进度网络计划的关键线路上。

5）工程延期的审核程序：

工程延期事件不持续时，施工单位在合同约定的期限内提交《工程临时延期申请表》，经监理工程师审核并与建设单位、施工单位协商后，由总监理工程师签发《工程最终延期审批表》。

当影响工期事件具有持续性时，项目监理机构可在收到施工单位提交的阶段性工程延期申请并经过审查后，先由总监理工程师签署《工程临时延期审批表》并通报建设单位。当施工单位提交最终的工程延期申请表后，项目监理机构应复查工程延期及临时延期情况，并由总监理工程师签署《工程最终延期审批表》。

项目监理机构在作出临时工程延期或最终的工程延期批准之前，均应与建设单位和承包单位进行协商。

（2）费用索赔

1）费用索赔的依据：

① 国家有关的法律、法规和工程项目所在地的相关法律、法规；② 本工程的施工合同文件；③ 国家、部门和地方有关的标准、规范和定额；④ 施工合同履行过程中与索赔事件有关的凭证。

2）项目监理机构受理施工单位提出的费用索赔的条件：

① 索赔事件造成了施工单位的直接经济损失；② 索赔事件是由于非施工单位的责任发生的；③ 施工单位已按照施工合同规定的期限和程序提交《费用索赔申请表》，并附有索赔凭证材料。

3）费用索赔管理的基本程序：

① 施工单位在施工合同规定的期限内向项目监理机构提交对建设单位的《费用索赔申请表》；② 总监理工程师初步审查费用索赔申请表，符合《建设工程监理规范》GB/T 50319—2013 所规定的条件时予以受理；③ 总监理工程师进行费用索赔审查，并在初步确定一个额度后，与施工单位和建设单位进行协商；④ 总监理工程师应在施工合同规定的期限内签署《费用索赔审批表》，或在施工合同规定的期限内发出要求施工单位提交有关索赔报告的进一步详细资料的通知，待收到施工单位提交的详细资料后，再按以上程序进行；⑤ 当施工单位的费用索赔要求与工程延期要求相关联时，总监理工程师在作出费用索赔的批准决定时，应与工程延期的批准联系起来，综合作出费用索赔和工程延期决定。

2. 业主向承包商的索赔

业主在向承包商提出工期延误索赔、质量不满足合同要求索赔、承包商不履行的保险费用索赔、对超额利润的索赔、对制定分包商的付款索赔、业主合理终止合同或承包商不正当地放弃工程索赔等时，总监理工程师在审查索赔报告后，应公正地与建设单位和施工单位进行协商，并及时作出答复。

六、工程质量控制

6.1 工程质量控制程序

工程质量控制程序包括：

监理准备→开工审查→材料、构配件、设备检查→施工测量复核→施工过程检查验收。

6.2 工程质量控制内容和方法

1. 监理准备

监理准备工作有研读依据、现场勘察、了解沟通、编制规划细则、组建项目监理机构、进行监理交底等。通过现场勘察、各方沟通等方式了解可能影响项目开工、影响质量方面的问题，并帮助协调解决，确保质量影响因素受控；现场监理人员要熟读施工图纸等施工依据文件，特别是细部构造做法，开工前对施工单位做好规范、建设单位质量要求等的监理技术交底。

2. 开工审查

工程开工前，监理单位要严格审查，详见"5.3 工程开工、复工审批制度"。

（1）组织机构、质量管理体系、班组技能（含普工和特殊工种作业人员）检查：

1）检查施工单位组织机构人员与招标投标人员是否一致，相关职称证书或岗位证书是否真实有效。

2）施工单位现场质量管理机构设置，职责与分工的情况；质量管理制度、保证体系建立情况。

3）特种作业人员是否持证上岗，建设主管部门颁发的岗位证书在有效期内，到期的有继续教育续展证明并有建设主管部门盖章认可。

4）工人是否有等级技能证书，确认该操作班组或工人的工作能力，为后面的管理做铺垫。

5）实际操作人员与证书人员一致。

（2）分包资格审查：

分包工程开工前，项目监理机构应审核施工单位报送的《分包单位资格报审表》（如浙建监B4），由专业监理工程师提出审核意见后，总监理工程师签认。主要审查内容及程序如下：

1）营业执照、资质证书。

2）安全生产许可证。

3）工程业绩材料。

4）施工单位对分包单位的管理制度。

5）拟分包工程的内容和范围。

6）分包单位专职管理人员和特种作业人员的资格证、上岗证。

7）审查程序：分包资格审查程序如图2-2所示。

（3）施工组织设计、专项施工方案审核：详见"5.2 施工组织设计（方案）审核制度"。

3. 材料、构配件、设备检查

（1）审查程序：材料、构配件、设备检查程序如图2-3所示。

（2）审核方法及内容：

1）材料、设备和构配件进场检验详见"5.6 工程材料、设备和构配件质量检验制度"。

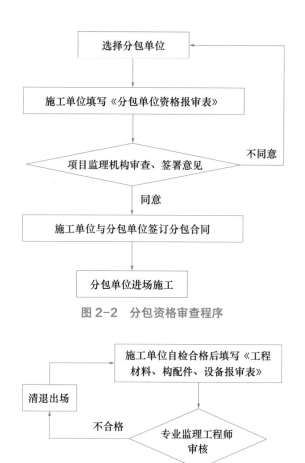

图 2-2　分包资格审查程序

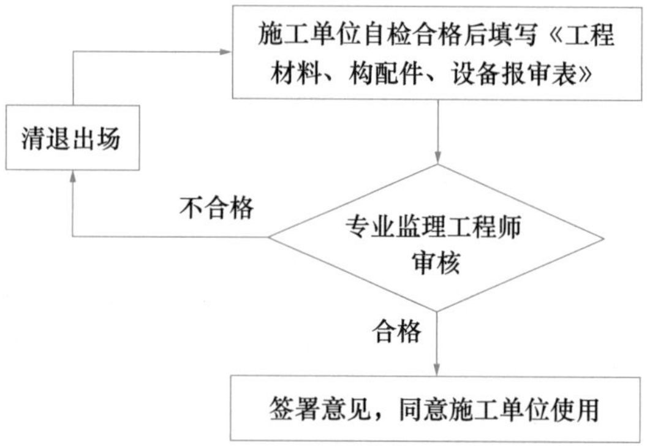

图 2-3　材料、构配件、设备检查程序

　　2）施工机械、设备进场检验内容：型号、规格符合施工组织设计的要求；计量设备的检定证明；定期维修保养记录；整机或关键部件检验、检测合格的有效期。

　　4. 施工测量复核

　　施工单位每完成一项施工测量，要及时将《施工控制测量成果报验表》（如浙建监 B5）报送项目监理部，由专业监理工程师检查、复核施工单位报送的施工控制测量成果及保护措施。检查、复核应包括下列主要内容：

　　（1）测量人员的资格证书；

　　（2）测量设备检定证书；

　　（3）控制桩的校核成果、平面控制网、高程控制网和临时水准点的测量成果。

　　5. 施工过程检查、验收

　　（1）检验批、分项、分部工程验收程序如图 2-4 所示。

　　（2）隐蔽工程验收：详见"5.7 隐蔽工程验收、分部分项工程质量验收制度"。

　　（3）对工程关键部位、重要节点进行旁站、平行检验：详见"5.5 平行检验、见证取样、巡视检查和旁站"。

　　（4）单位工程竣工验收：单位工程竣工验收程序如图 2-5 所示。

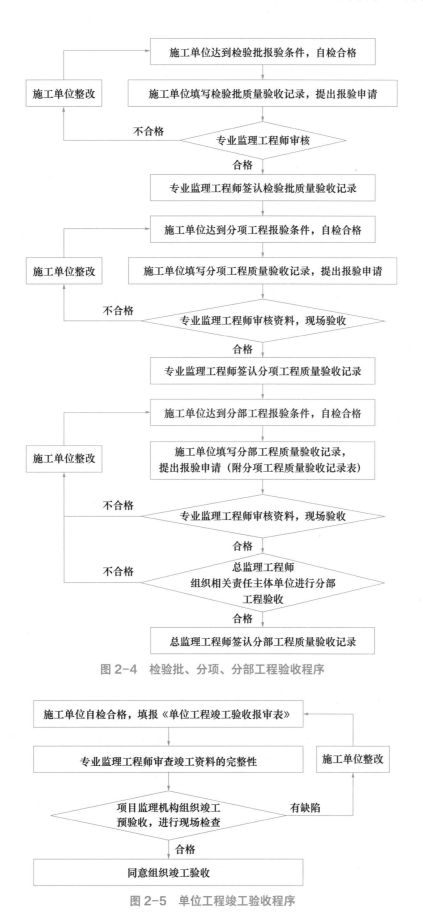

图 2-4　检验批、分项、分部工程验收程序

图 2-5　单位工程竣工验收程序

6.3 工程质量控制措施（表2-5）

工程质量控制措施表

表2-5

措施	内容
组织措施	1. 监理工程师应督促承包单位建立和健全质量体系。 2. 进行质量职能分配，明确质量责任分工。 3. 实施质量审核制度
技术措施	1. 审核设计图纸及技术交底。 2. 审核承包商的施工组织设计。 3. 检查工序、部位的施工质量（巡视、旁站、抽验和验收）。 4. 专家论证会。 5. 质量验收和质量评定
管理措施	1. 开展全面质量管理活动。 2. 建立质量信息的文字、报表、图像资料的管理办法。 3. 质量信息的数理统计分析。 4. 合同中质量信息的管理。 5. 建立质量管理的奖惩制度

七、工程造价控制

7.1 工程造价控制程序

工程造价控制程序如下：

监理准备→工程量计量和进度款支付→工程变更审核→投资偏差分析→竣工结算款审核。

7.2 工程造价控制内容和方法

1. 监理准备

熟悉施工合同及月度的计价规则，复核、审查施工图预算。

2. 工程量计量和进度款支付程序

（1）专业监理工程师负责工程计量工作，原则上每月计量一次。特殊项目或不可预见事件引起工程量的变化，项目监理机构应会同相关单位进行计量，计量方法应由项目监理机构、建设单位和施工单位协商确定。

（2）专业监理工程师应审查施工单位提交的《进度款支付报审表》（如浙建监B11），总监理工程师审核后报建设单位审批，根据建设单位的审批意见签发《工程款支付证书》（如浙建监A8），进度款支付程序如图2-6所示。专业监理工程师审核工程款支付额度时，应按合同约定扣除相应的款项；合同约定计入工程款的工程变更、索赔款项，专业监理工程师应予以计算。

3. 工程变更审核（详见："5.12 工程变更处理制度"）

专业监理工程师应及时记录、收集、整理有关的施工和监理资料，为变更提供依据。项目监理机构在签认《工程联系单》时应写明事件发生的时间、部位、原因和影响的工程量。

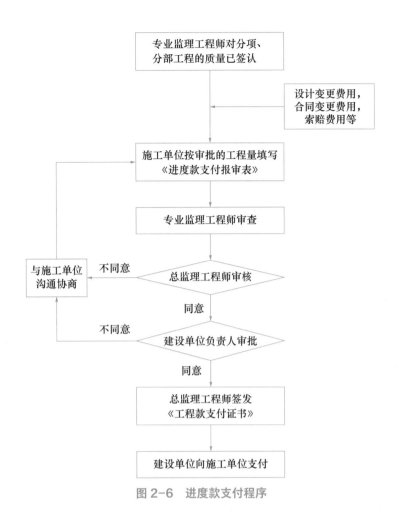

图 2-6　进度款支付程序

4. 投资偏差分析

（1）偏差分析的方法：

① 横道图法：用不同的横道标识已完工程计划投资、拟完工程计划投资和已完工程实际投资，横道图的长度与其金额成正比；② 表格法：将项目编号、名称、各投资参数以及投资偏差数综合归纳入一张表格中，直接在表格中进行比较；③ 曲线法：用累计投资计划值曲线与投资实际曲线进行比较。

（2）进行偏差原因分析。

（3）根据偏差原因制定纠偏措施。

5. 工程竣工结算审核（图 2-7）

当建设单位委托工程监理单位进行竣工结算审核时，项目监理机构竣工结算审核的主要内容有：

（1）施工单位按施工合同约定填报竣工结算资料。

（2）专业监理工程师协助审查施工单位提交的竣工结算资料，对资料的真实性、完整性、时效性、准确性提出审查意见。

（3）总监理工程师对专业监理工程师的审查意见进行审核，并与建设单位、施工单位协商，达成一致意见的，签发竣工结算文件和最终的《工程结算款支付证书》，报建设单位；不能达成一致意见的，应按施工合同约定处理。

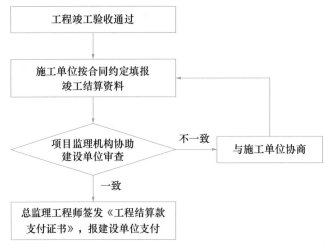

图 2-7　工程竣工结算审核

7.3　工程造价控制工作措施

工程造价控制工作措施见表 2-6。

工程造价控制工作措施　　　　　　　　　　　表 2-6

措施	内容
组织措施	1. 建立项目监理的组织保证体系，落实投资控制方面的现场监督和跟踪控制的人员，明确任务及职责。 2. 编制本阶段投资控制详细工作流程图
经济措施	1. 对已完成实物工程量进行计量或复核，对未完工程量进行预测。 2. 对工程价款预付、工程进度付款、工程款结算、备料款和预付款等进行审核、签署。 3. 在施工全过程中进行投资跟踪、动态控制和分析预测，对投资目标计划值按费用构成、过程构成、实施阶段、计划进度分解。 4. 定期向业主提供投资控制报表。 5. 依据投资计划的要求编制施工阶段详细的费用支出计划。 6. 及时办理审核工程结算。 7. 制定行之有效的节约投资激励机制和约束机制
技术措施	1. 对设计变更进行技术经济分析和审查认可。 2. 进一步寻找通过设计、施工工艺、材料、设备、管理等多方面挖掘节约投资的可能性，组织"三查四定"，查出的问题要整改，审核降低造价的技术措施。 3. 加强设计交底和施工图会审工作，把问题解决在施工之前
合同措施	1. 参与处理索赔事宜时以合同为依据。 2. 参与合同的修订、补充工作，并分析研究对投资控制的影响。 3. 监督、控制、处理工程建设中的有关问题以合同为依据

八、工程进度控制

8.1　工程进度控制程序

工程进度控制程序如图 2-8 所示。

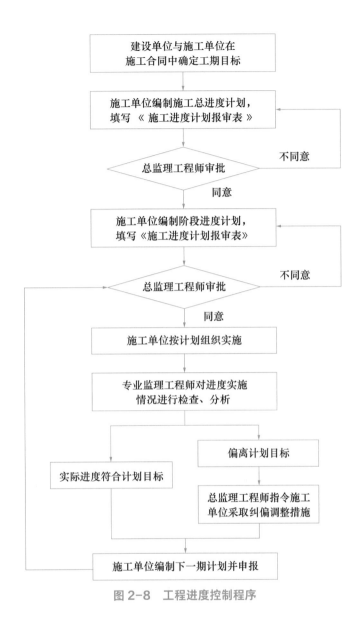

图 2-8　工程进度控制程序

8.2　工程进度控制内容和方法

1. 项目监理机构应审查施工单位报送的施工总进度计划，年度、月度或阶段性的施工进度计划，经总监理工程师审核后报建设单位。

2. 施工进度计划审核应包括下列基本内容：

① 施工进度计划应符合施工合同中工期的约定；② 施工进度计划中的主要工程项目无遗漏情况；③ 满足分期施工、分批动用和配套动用的要求；④ 阶段性施工进度计划符合总进度计划的要求；⑤ 各专业进度计划相互协调情况；⑥ 施工顺序满足施工工艺要求；⑦ 施工人员、工程材料、构配件、设备、施工机械设备（机具）等资源供应计划满足进度计划需要；⑧ 施工进度计划应符合建设单位提供的资金、施工图纸、施工场地、物资等施工条件。

填写《施工进度计划报审表按表》（浙建监 B12）。

3. 项目监理机构应检查进度计划的实施，记录实际进度及其相关情况，如发现实际进度与计划进度不符时，应要求施工单位加快施工进度；当实际进度严重滞后于计划进度且影响合同工期时，应签发《监理通知》要求施工单位采取调整措施，总监理工程师应向建设单位报告工期延误风险。

4. 当工期严重延误时，总监理工程师应签发《监理通知》，并报建设单位；必要时召开有关责任方参加的专题会议，确定采取的措施，由施工单位调整进度计划，经总监理工程师审核后，报送建设单位审批。

5. 由于非施工单位原因导致实际进度滞后于计划进度时，项目监理机构应审查施工单位报送的工期延期申请，总监理工程师审核后，报建设单位审批。

6. 项目监理机构应定期向建设单位报告工程进度实施情况、采取的进度控制措施、取得的效果、相关建议以及工程延期和费用索赔风险，当工期严重滞后时，项目监理机构应向建设单位提交专题报告。

8.3　工程进度控制措施

工程进度控制措施见表2-7。

工程进度控制措施　　　　　　　　　　　　　　　　表2-7

措施	内容
技术措施	1. 建立多级网络计划和施工作业计划体系。 2. 增加同时作业的工作面。 3. 采用高效能的施工机械设备。 4. 采用新工艺、新技术，缩短工艺流程间和工序间的技术间歇时间
组织措施	落实进度控制责任制，建立进度控制协调制度
经济措施	对工期提前者实施奖励，对应急工程实行较高计件单价以及确保资金的及时供应等
合同措施	按合同要求及时协调各有关方的进度，以确保项目形象进度的要求

九、安全生产管理的监理工作

9.1　安全生产管理的监理工作程序

安全生产管理的监理工作程序如下：

监理准备→施工准备安全监理→大型机械、设备进场安装审查→日常安全巡视及定期安全排查。

1. 监理准备

工程开工前，项目监理部要及时编制安全监理实施细则，落实相关监理人员。

2. 施工准备安全监理

施工单位进场后，要对施工单位现场安全生产规章制度的建立和实施情况、施工单位安全生产许可证及施工单位项目经理、专职安全生产管理人员和特种作业人员的资格以及专项施工方案进行审查，超过一定规模的危险性较大的分部分项工程专项方案应当由施工单位组织召开专家论证会，项目监理机构应检查施工单位组织专家进行论证、审查情况以及是否附有安全验算结果，督促施工单位根据专家论证报告修改完善，经施工单位技术负责人签字后，报项目监理机构审查。

3. 大型机械、设备进场安装审查（起重机械）

项目监理机构应核查施工起重机械的验收手续及相应的检测报告。建筑起重机械安装、拆卸前，项目监理机构应对施工单位报送的建筑起重机械拆装报审表及所附资料进行审查。符合要求的，由施工单位向当地建设行政主管机构办理告知手续后，方可进行安装或拆卸。安装完成后，监理人员应参加施工单位组织的验收，并在建筑起重机械验收记录上签署意见。建筑起重机械安装前，项目监理机构应对其设备基础进行验收。

建筑起重机械在安装、加节作业完成后，项目监理机构应按相关要求进行资料核查和验收。

项目监理机构应监督施工项目部在建筑起重机械验收合格30d内到建设行政主管部门办理使用登记。起重机械安全监理程序如图2-9所示。

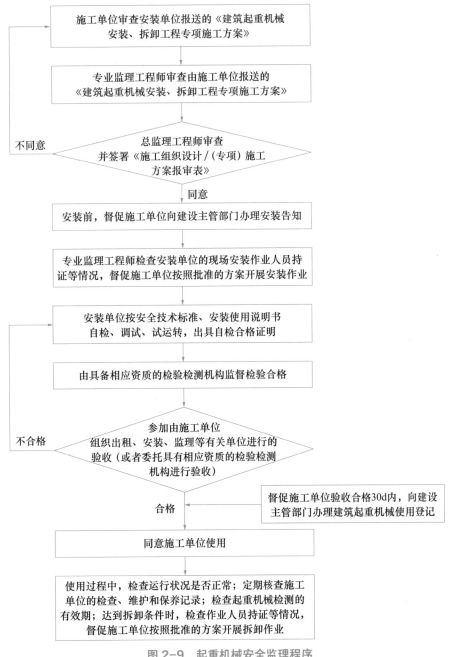

图 2-9 起重机械安全监理程序

4. 日常安全巡视及定期安全排查

（1）项目监理机构应定期组织安全生产检查，监理人员应对施工现场安全生产状况进行巡视工作（图2-10）。并做好书面记录，发现安全隐患的，项目监理机构应及时向施工单位发出监理指令，要求其立即整改。

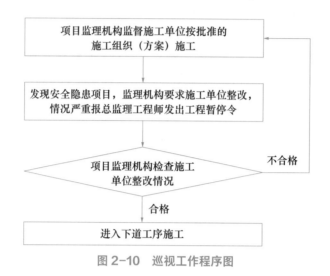

图 2-10　巡视工作程序图

（2）项目监理机构在监理例会上，应组织检查上一次例会议定的安全生产事项的落实情况，分析未落实事项的原因，提出监理意见，并共同确定下一阶段施工安全生产管理工作内容。

（3）项目监理机构应按规定程序向建设单位或建设行政主管部门报告安全监理工作。

1）项目监理机构应每月总结施工现场安全生产的情况，并写入监理月报，向建设单位报告。

2）针对施工项目部的安全生产状况和对监理指令的执行情况，总监理工程师认为有必要时，可编制施工安全监理专题报告，报送建设单位。

3）当施工项目部不执行项目监理机构的整改指令时，项目监理机构应及时报告建设单位，以电话形式报告的应有通话记录，并及时补充书面报告。

4）总监理工程师签发《工程暂停令》应及时向建设单位报告。

5）当施工单位拒不执行《工程暂停令》时，总监理工程师应向建设单位和建设行政主管部门报告。

（4）项目监理机构应对施工单位报验的钢管、扣件、安全网进行检查，所检查的材料合格证及检测试验报告应符合要求。当监理人员发现材料不合格时，应立即指令施工项目部将不合格的材料限期撤出施工现场。

（5）在施工单位自检合格的基础上，项目监理机构应对模板支撑体系、自升式模板体系、落地式脚手架、悬挑脚手架、工具式脚手架、临时用电和基坑支护等重要的安全设施进行检查或验收。

（6）监理人员应依据专项施工方案及工程建设强制性标准对危险性较大的分部分项工程作业进行检查，发现未按专项施工方案实施时，应签发《监理通知单》，要求施工单位按专项方案实施。

（7）项目监理机构在实施监理过程中，应开展安全隐患排查工作，发现存在安全隐患时，应签发施工现场检查整改单，要求施工单位整改，必要时可签发《监理通知单》。情况严重时，应签发《工程暂停令》，并及时报告建设单位。施工单位拒不整改或不停止施工时，项目监理机构应及时向有关部门报告。

9.2 安全生产管理的监理工作措施

1. 发出口头通知。
2. 签发书面通知、指令。
3. 召开专题监理例会。
4. 签发《工程暂停令》。
5. 向建设主管部门报告。

十、合同和信息管理

10.1 合同管理

1. 合同管理程序

（1）工程变更处理程序如图2-11所示。

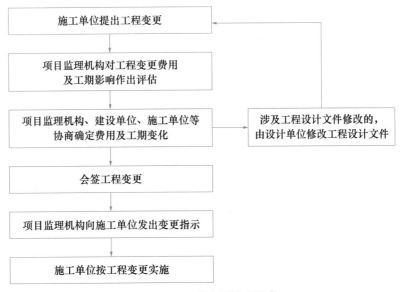

图 2-11 工程变更处理程序

工程变更的处理应符合下列要求：

1）总监理工程师应组织建设单位、施工单位按施工合同规定共同协商确定工程变更费用及工期变化，会签工程变更单。

2）当建设单位和施工单位未能就工程变更费用达成一致的，项目监理机构可提出一个暂定的价格，作为临时支付工程款的依据。工程变更款项最终结算时，应以建设单位与施工单位达成的协议为依据。

3）项目监理机构可在工程变更实施前与建设单位、施工单位等协商确定工程变更的计价原则、计价方法或价款。

4）项目监理机构可对建设单位要求的工程变更提出评估意见，并应督促施工单位按会签后的工程变更单组织施工。

5）经批准的工程变更，其变更内容应由监理人员及时在图纸中进行登记和标识。

（2）费用索赔处理：工程索赔审核、签认程序如图2-12所示。

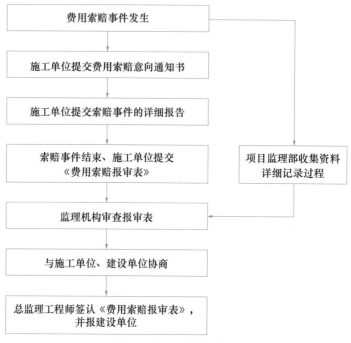

图 2-12 工程索赔审核、签认程序

（3）工程延期处理程序如图2-13所示。

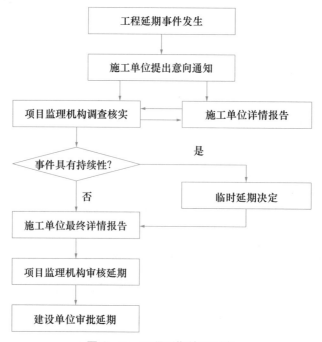

图 2-13 工程延期处理程序

总监理工程师批准工程延期应同时满足下列三个条件：

1）施工单位在施工合同约定的期限内提出工程延期。

2）因非施工单位原因造成施工进度滞后。

3）施工进度滞后影响施工合同约定的工期。

延期事件持续发生的，总监理工程师应签署工程临时延期报审表，并通报建设单位。工程延期事件结束后，由总监理工程师签署工程最终延期报审表，并报建设单位。总监理工程师在做出临时工程延期批准或最终的工程延期批准之前，均应与建设单位和施工单位进行协商。工程延期造成施工单位提出费用索赔时，项目监理机构应按施工合同约定进行处理。发生工期延误时，项目监理机构应按施工合同约定处理。

（4）施工合同争议的调解如图2-14所示。

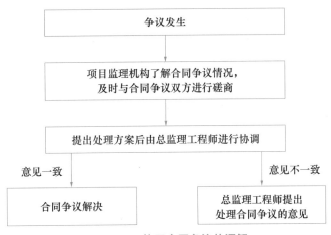

图 2-14　施工合同争议的调解

施工合同争议调解应进行以下工作：

1）了解合同争议情况。

2）及时与合同争议的双方进行磋商。

3）提出处理方案，由总监理工程师进行协调。

4）当双方未能达成一致时，总监理工程师应提出处理合同争议的意见。

5）项目监理机构在施工合同争议处理过程中，对未达到施工合同约定的暂停履行合同条件的，应要求施工合同双方继续履行合同。

建设单位或施工单位在施工合同规定的期限内未对合同争议处理决定提出异议，双方必须执行。在施工合同争议的仲裁或诉讼过程中，项目监理机构可按仲裁机关或法院要求提供与争议有关的证据。

10.2　信息管理

信息管理是建设工程监理的基础性工作，通过对建设工程形成的信息进行收集、整理、处理、存储、传递与运用，保证能够及时、准确地获取所需要的信息。具体工作包括监理文件资料的管理内容、监理文件资料的管理原则和要求、监理文件资料的管理制度和程序、监理文件资料的主要内容、监理文件资料的归档和移交等。

十一、组织协调

11.1 组织协调的内容

1. 项目监理机构内部的协调

（1）项目监理机构内部人际关系的协调：在人员安排上要量才录用、在工作委任上要职责分明、在成绩评价上要实事求是、在矛盾调解上要恰到好处。

（2）项目监理机构内部组织关系的协调：在目标分解的基础上设置组织机构，明确规定每个部门的目标、职责和权限，事先约定各个部门在工作中的相互关系。建立信息沟通制度，及时消除工作中的矛盾或冲突。

（3）项目监理机构内部需求关系的协调：对监理设备、材料的平衡；对监理人员的平衡。

2. 与业主的协调

（1）监理工程师首先要理解建设工程总目标、理解业主的意图。

（2）利用工作之便做好监理宣传工作，增进业主对监理工作的理解。

（3）尊重业主，让业主一起投入建设工程全过程。

3. 与承包商的协调

（1）坚持原则，实事求是，严格按规范、规程办事，讲究科学态度。

（2）协调不仅是方法、技术问题，更多的是语言艺术、感情交流和用权适度问题。

（3）施工阶段的协调工作内容：

1）与承包商项目经理关系的协调。

2）进度问题的协调。

3）质量问题的协调。

4）对承包商违约行为的处理。

5）合同争议的协调。

6）对分包单位的管理。

7）处理好人际关系。

4. 与设计单位的协调

（1）真诚尊重设计单位的意见。

（2）及时向设计单位提出施工中出现的问题，以免造成大的损失。

（3）注意信息传递的及时性和程序性。

5. 与政府部门及其他单位的协调

（1）与政府部门的协调

1）工程质量监督站。监理单位在进行工程质量控制和质量问题处理时，要做好与工程质量监督站的交流与协调。

2）重大质量、安全事故，在承包商采取急救、补救措施的同时，应敦促承包商立即向政府有关部门报告情况，接受检查和处理。

3）建设工程合同应送公证机关进行公证，并报政府建设管理部门备案；协助业主的征地、拆迁、移民等工作要争取政府有关部门支持和协作；现场消防设施的配置，宜请消防部门检查认可；要敦促承包商在施工中注意防止环境污染，坚持做到文明施工。

（2）协调与社会团体的关系

一些大型工程建设能给当地的经济发展和人民生活带来好处，业主和监理应该把握机会，争取社会各界对工程的关心和支持。

11.2　组织协调的方法

组织协调的方法包括：会议协调，如监理例会、专题会议等；交谈协调，如面谈、电话、网络等；书面协调，如通知书、联系单、月报等方式；访问协调，如走访或约见等方式；以及情况介绍。

十二、监理工作设施

12.1　办公、交通、通信、生活等设施

监理工作设施表，见表2-8。

监理工作设施表　　　　　　　　　　表2-8

序号	名称	型号规格	数量	购入年份	备注
1	电脑	—	2	—	自备
2	打印机	—	1	—	—
3	数码相机	—	1	—	—
4	计算器	—	1	—	—
5	电瓶车	—	2	—	—
6	汽车	—	1	—	—
7	雨鞋	—	4	—	—
8	手机	—	—	—	项目人员自备
9	住宿	—	—	—	公司统一安排
10	餐饮	—	—	—	公司统一安排

12.2　建设设备和工器具

建设设备和工器具表，见表2-9。

建设设备和工器具表　　　　　　　　表2-9

序号	仪器设备名称	型号规格	数量	使用时间	备注
1	经纬仪	DJ16	1	—	
2	水准仪	S10	1	—	
3	塔尺	2m	1	—	
4	卷尺	5m、50m	2	—	
5	游标卡尺	0～100mm	1	—	
6	接地电阻仪	HT2571	1	—	

2.1.4　课题工作任务训练的评价标准

按时完成任务（20%），文本和记录正确（50%），内容完整性（30%）。

2.1.5　课题工作任务的成果

任务的成果按上述参考格式编制与提交。

2.1.6　课题工作任务训练注意事项

在编制前，要先弄清监理实施细则的编制次序和编制方法。其次提交课题工作任务训练成果，力求做到监理实施细则编制的精细化，尽最大努力有针对性地完成监理实施细则的编制。

任务2.2　监理细则编制

2.2.1　课题工作任务的含义和用途

监理实施细则是在监理规划指导下，在落实各专业的监理责任后，由专业监理工程师针对项目的具体情况制定的更具有操作性的业务文件。

2.2.2　课题工作任务的背景和要求

采用新材料、新工艺、新技术、新设备的工程，专业性较强、危险性较大的分部分项工程等应编制监理实施细则。监理实施细则在相应工程施工开始前由专业监理工程师编制，经总监理工程师批准后实施。

2.2.3　课题工作任务训练的步骤、格式和指导

1. 依据规范要求，按照《××学院学生公寓钻孔灌注桩监理实施细则》（以下简称《监理实施细则》）的格式（表2-10），编写专业工程特点。

2. 学习并引用《监理实施细则》中"监理工作流程"的内容，针对工程实际内容对《监理实施细则》进行必要的调整；

3. 学习并引用《监理实施细则》中"监理工作要点"的内容，针对工程实际内容对《监理实施细则》进行必要的调整；

4. 学习并引用《监理实施细则》中"监理工作方法及措施"的内容，针对工程实际内容对《监理实施细则》进行必要的调整。

××监理有限公司

××学院学生公寓
钻孔灌注桩监理实施细则

编制人：_____　　日期：_____年　月　日

审核人：_____　　日期：_____年　月　日

目　　录

一、专业工程特点（表 2-10）

专业工程特点表　　　　　　　　　　　　　　　　　　　　　　表 2-10

专业设计概况	1.60 根 ϕ600mm 桩长 60m； 2.15 根 ϕ700mm 桩长 60m
施工工艺	桩位放线→护筒埋设→桩机就位→开孔对中→终孔→一清→提钻杆→下钢筋笼→下导管→二清→水下混凝土浇筑→静载、声测等功能性试验
施工环境	该地块为楼桥改建工程，道路四周为新建楼房及新建道路，部分红线范围在围墙内，需做好协调工作；存在道路进出不便问题
施工难点、关键、部位工序	桩定位、钻孔深度控制、孔底沉渣、钢筋笼焊接质量、初灌量的控制
影响因素	里面存在大量淤泥，桩基进入困难，四周道路未交付使用进出不便

二、监理工作流程

监理工作流程如下：

监理准备→人员、专项施工方案审核→原材料、构配件检查→测量放线复核→施工过程检验。

三、监理工作要点

3.1　监理准备

监理准备工作有研读依据、实地踏勘、了解沟通、细则确定、监理交底等，通过现场勘查、各方沟通等方式了解可能影响项目开工、影响质量方面的问题，并帮助协调解决，确保质量影响因素受控；现场监理人员要熟读施工图纸等施工依据文件，特别是细部构造做法，开工前对施工单位做好规范、建设单位质量要求等监理技术交底。

3.2　人员、专项施工方案审核

人员、专项施工方案审核表见表 2-11。

人员、专项施工方案审核表　　　　　　　　　　　　　　　　　表 2-11

班组、工人技能（含普工和特殊工种作业人员）检查	1.特种作业人员是否持证上岗，建设主管部门颁发的岗位证书在有效期内，到期的有继续教育续展证明并建设主管部门盖章认可。 2.工人是否有等级技能证书，确认该操作班组或工人的工作能力，为后面的管理做铺垫。 3.实际操作人员与证书人员一致
专项施工方案（要求开工前10d 左右督促施工单位及时编制专项方案并上报）审核内容	1.编审程序应符合相关规定。 2.施工顺序、施工工艺应符合相关规范要求。 3.人员配备的合理性、可行性。 4.质量、安全保证措施的可靠性、针对性并符合有关标准。 5.危险性较大工程是否进行了专家论证

3.3 原材料、构配件检查

工程主要材料进场检验要求表见表2-12。

工程主要材料进场检验要求表　　　　　　表 2-12

序号	材料名称	进场实物验收	进场报验资料	验收批划分或见证取样要求	监理单位收集、整理资料
1	钢筋	外观质量、规格	生产厂家的营业执照和资质证书；材料的订购合同、合格证、性能检验报告、使用说明书等	每一验收批 60t 取一组试验，（拉伸、弯曲各 2 根，重量偏差 5 根）	出厂证明文件、合格证，需检测材料复检合格报告，原材料进场登记台账，材料见证取样登记台账
2	焊条	外观质量、规格		—	
3	混凝土	坍落度		浇筑地点同一配合比、每批或每一工作台班留标准养护试块不得少于 1 组	

3.4 测量放线复核

1. 本工程测量放线内容主要有：定位放线（含高程）、钻机就位偏差、桩位二次复核。

2. 对承包人提交的施工测量报验单及测量资料进行复核和现场平行检验，合格的，及时给予书面认可；有差错的，应及时通知承包人重测，合格后再予以书面认可。

3.5 施工过程检验

1. 护筒埋设要求（表 2-13）

护筒埋设要求表　　　　　　表 2-13

施工过程	监理工作方法	监理工作要点
护筒埋设	质量、安全巡视	1. 监理员在护筒定位后及时复核护筒的位置，严格控制护筒中心与桩位中心线偏差不大于 50mm，并认真检查回填土是否密实，以防钻孔过程中发生漏浆的现象。桩测量定位允许偏差：群桩 20mm，单排桩 10mm。 2. 临边护栏、警戒、临时用电等安全情况
桩机就位	巡视检查	1. 复核钻头直径、钻具总长等钻具技术参数施测。 2. 检查钻孔机械设备性能。 3. 检查监督钻机就位、垂直度、桩位偏差
开孔对中、成孔	巡视检查	1. 专业监理工程师审核桩机移位路线和方法是否合理；要求桩间距离小于 4d（d 为桩直径）的基桩采取隔孔施工工程序，防止坍孔和缩径。 2. 监理员检查护筒埋设： 1）护筒内径应大于钻头直径，回转钻宜大于 100mm。 2）护筒埋置深度不小于 4m，并保持筒内泥浆面高于地下水位 1.5m。 3）护筒中心与桩位中心偏差不得大于 50mm，监理员要经常复核钻头直径，如发现其磨损超过 10mm 就要及时调换或修复钻头。钻头直径的大小将直接影响孔径的大小。 4）在钻孔过程中监理员要经常检查转盘水平度。 3. 对进入持力层界面的判断，监理工程师要特别慎重，要求每 30min 记录一次钻进情况。 4. 对于摩擦桩、端承摩擦桩，成孔的控制深度必须保证进入持力层的设计桩长。 5. 钻孔过程中泥浆比重控制为 1.3 为宜

续表

施工过程	监理工作方法	监理工作要点
终孔	巡视检查 平行检验	1. 用测绳测量成孔深度，如测绳的测深比钻杆的钻探浅，就要重新下钻杆复钻。 2. 复核桩位偏差。 3.《建筑地基基础工程施工质量验收标准》GB 50202—2018 施工质量验收规范的规定第 5.1.4，详见控制要点中的强规条文
一清	巡视检查 平行检验	1. 第一次清孔质量控制：灌注桩成孔至设计标高，应充分利用钻杆在原位进行第一次清孔，直到孔口返浆比重持续小于 1.2，测得孔底沉渣厚度小于 50mm，即抓紧吊放钢筋笼和沉放混凝土导管。 2. 监理员用测绳复核成孔深度，如测绳的测深比钻杆的钻探小，就要重新下钻杆复钻并清孔。同时还要考虑在施工中常用的测绳遇水后缩水的问题，为提高测绳的测量精度，在使用前要预湿后重新标定，并在使用中经常复核
下钢筋笼	—	1. 进场实物验收查看直径、型号是否正确。 2. 用卷尺测量钢筋笼长度是否符合图纸要求。 3. 逐个验收钢筋的连接现场立焊焊缝质量，对质量不符合规范要求的焊缝、焊口则要进行补焊；纵向受力钢筋的连接方式应符合设计要求。 4. 钢筋笼吊放要注意钢筋能否顺利下放，沉放时不能碰撞孔壁；当吊放受阻时，不能加压强行下放，否则将会造成塌孔、钢筋笼变形等现象，应停止吊放并寻找原因，如因钢筋笼没有垂直吊放而造成的，应重新垂直吊放；如果是成孔偏斜而造成的，则要求进行复钻纠偏，并在重新验收成孔质量后再吊放钢筋笼。钢筋笼接长时要加快焊接时间，尽可能缩短沉放时间。钢筋笼安装入桩孔后应对其安装位置进行检查，确认是否符合设计要求。 5. 每节钢筋笼应设 2 组混凝土滚轮垫块，每组 3 个。严禁施工单位采用弓形钢筋弯代替混凝土滚轮垫块
下导管、二清	平行检验 巡视检查	1. 测绳复核成孔深度。 2. 孔底沉渣厚度≤ 50mm
混凝土浇筑	旁站	1. 检查施工单位现场技术、质量管理人员是否到岗。 2. 复查混凝土质量。 3. 检查初灌量、排水栓放置。 4. 检查导管口封堵是否可靠，是否放置隔水栓（多为球胆）。 5. 初灌量控制在计算确定的放量以上，保证首次灌注时导管埋入混凝土内 2m 以上（2～6m）。 6. 开始灌注混凝土时，为使隔水栓能顺利排出，导管底部至孔底的距离宜为300～500mm。排塞（球）后不得将导管插回孔底。 7. 混凝土坍落度宜采用 16～20cm。在混凝土灌注过程中，监理员要检测混凝土坍落度，如发现混凝土的配合比、坍落度不符合要求或放置时间过长等不合格现象，要求退回重新拌合，严禁不合格混凝土用于灌注桩。 8. 导管入混凝土的长度任何时候不得小于 2m，不宜大于 6m，一般控制在 2～4m内。严禁把导管底端提出混凝土面。旁站监理混凝土灌注全过程，随时了解混凝土面的标高和导管的埋入深度，并填写记录。 9. 在施工过程中，要严格执行灌注工艺和操作方法，抽动导管使混凝土面上升的力度要适中，保证有次序的拔管和连续灌注，升降的幅度不能过大，如大幅度抽拔导管则容易造成混凝土体冲刷孔壁，导致孔壁下坠或坍落，桩身夹泥，这种现象尤其在砂层厚的地方比较容易发生。 10. 监理员要认真进行记录，并及时检查核对，施工单位共同签认，为日后发现有问题的桩或评价桩的质量提供依据。 11. 见证混凝土试块制作，记入《监理日志》《旁站纪录》

四、监理工作方法及措施

监理工作方法及措施表见表 2-14。

监理工作方法及措施表 表 2-14

工作项	监理工作方法	处置措施
护筒埋设	巡视检查施工过程护筒位置、施工安全情况	对每一道工序进行检查、验收若出现不符，及时签发《监理通知》要求整改
桩机就位	巡视检查桩机就位情况	
开孔对中、成孔	巡视检查施工过程	
终孔	成孔验收，施工过程进行巡视	
一清	巡视检查施工过程，检查沉渣厚度	
下钢筋笼	对钢筋原材进行审批和见证取样；对钢筋笼进行验收；下钢筋笼旁站	
下导管、二清	测量孔深、沉渣厚度，施工过程进行巡视检查	
水下混凝土浇筑	检查混凝土合格证、坍落度；混凝土浇筑旁站；见证试块制作	
静载、声测等功能性试验	对静载、声测等功能性试验进行见证	

五、监理工作的成果

1. 监理编写的资料

《旁站记录》《原材进场登记》《见证取样登记》《平行检验记录》。

2. 收集的资料

《特种作业人员报审附岗位证书》、专项施工方案及专家论证意见、《测量放线记录／技术复核记录表》《平行检验记录》《钢筋原材料报审表》《商品混凝土资料报审表》《施工测量放线成果表》《开孔申请》《钻孔钻进记录》《成孔质量检查》《钢筋安装检验批》《混凝土浇筑申请》《混凝土施工检验批》。

任务 2.3　　项目课题工作任务训练质量评价

2.3.1　课题工作任务训练质量自我评估与同学互评

自我评估与同学互评详见课题工作任务训练质量自我评估与同学互评表（表 2-15）。

课题工作任务训练质量自我评估与同学互评表　　表 2-15

实训项目					
小组编号		场地		实训者	
序号	考核项目	分值	实训要求		自评 / 互评
1	按时完成任务	30	按时按要求完成课题工作任务实训		
2	文本和判断正确	50	成果符合要求，准确		
3	内容完整性	20	记录规范、完整		
实训知识点总结与学习反思：					
小组其他成员评价得分：					
组长评价得分：				评价时间：	

2.3.2　课题工作任务训练质量教师评价

教师评价详见课题工作任务训练质量教师评价表（表 2-16）。

课题工作任务训练质量教师评价表　　表 2-16

实训项目					
小组编号		场地		实训者	
序号	考核项目	分值	实训要求		教师评定
1	按时完成任务	30	按时按要求完成课题工作任务实训		
2	文本和判断正确	50	实训成果符合要求，准确		
3	内容完整性	20	记录规范、完整		
完成课题工作任务存在的问题：					
指导教师：				评价时间：	

项目 3　施工策划审核

学习目标

（1）能够独立审核施工组织设计（施工方案）的施工部署是否合理。

（2）能够独立审核施工组织设计（施工方案）施工重点和难点的技术方案、保证措施。

（3）能够独立验算施工总进度计划、劳动力及物资需要量、原材料及设备采购计划表。

（4）能够独立审核施工组织设计（施工方案）中的工程质量技术措施、安全生产技术措施、降低成本措施等。

（5）能够独立审核施工平面图和应急预案。

施工策划是施工单位对工程施工的组织、管理和技术的设计，其文件包括施工组织设计、施工方案等。施工策划审核是由监理单位对施工单位编审合格的施工组织设计、施工方案等文件报监理单位进行审核，经监理单位审核通过后，作为施工过程实施的依据文件之一。

任务 3.1　施工组织设计审核

3.1.1　课题工作任务的含义和用途

施工组织设计是指导工程施工的纲领性文件，监理单位应对涉及技术、经济的内容事前合理有效地进行审核控制。

3.1.2　课题工作任务的背景和要求

工程开工前，项目监理机构应审查施工单位报审的施工组织设计，符合要求时，应由总监理工程师签认后报建设单位。项目监理机构应要求施工单位按已批准的施工组织设计组织施工。施工组织设计需要调整时，项目监理机构应按程序重新审查。

3.1.3　课题工作任务训练的步骤、格式和指导

1. 施工组织设计审查内容

（1）程序性审查

施工组织设计应由项目技术负责人主持编制，经施工单位质量、安全、技术部等审核，施工单位技术负责人审批，加盖施工单位公章。

（2）完整性审查

1）施工组织设计的主要内容应包括：编制依据、工程概况、施工部署、施工进度计划、施工准备与资源配置计划、主要施工方法、施工现场平面布置及主要施工管理措施。

2）施工组织设计的安全技术措施应包括：地上、地下管线（方案）保护措施；基坑工程、拆除工程、起重机械安装拆卸工程、脚手架工程、模板工程及支撑体系、起重吊装及其他危险性较大的分部、分项工程的（专项施工方案）安全技术措施；施工现场临时用电施工组织设计或安全用电技术措施、电气防火措施、施工现场临时消防技术措施；季节性（施工方案）安全施工措施；施工总平面布置图以及办公、宿舍、食堂、道路等临时设施设置和排水、防火措施等。

（3）符合性审查

1）施工组织设计应符合设计文件要求。

2）施工组织设计应与投标文件和施工合同基本相符。

3）质量、安全技术措施应符合工程建设强制性标准要求。

4）施工总平面布置应科学合理。

2. 审查完毕，按照表 3-1 填写施工组织设计报审表。

施工组织设计报审表 表 3-1

工程名称：××学院学生公寓 编号：

致：××监理有限公司（项目监理机构） 我方已完成 ××学院学生公寓 工程施工组织设计的编制和审批，请予以审查。 附件：☑ 施工组织设计 　　　 □ 专项施工方案 　　　 □ 施工方案 　　　　　　　　　　　　　　　　　　　　　施工项目经理部（盖章） 　　　　　　　　　　　　　　　　　　　　　项目经理（签字） 　　　　　　　　　　　　　　　　　　　　　　　　年　　月　　日
审查意见： （1）编制、审核、审批等符合法规要求。 （2）平面布置情况合理，施工内容、工艺、方法和质量标准等符合设计文件、合同、标准、法律法规要求。 （3）人员配备、机具选用和进度计划安排与合同约定的一致。 （4）有质量、安全保证措施。 　　　　　　　　　　　　　　　　　　　　　专业监理工程师（签字） 　　　　　　　　　　　　　　　　　　　　　　　　年　　月　　日
审核意见： 同意专业监理工程师意见，同意按此施工组织设计实施 　　　　　　　　　　　　　　　　　　　　　项目监理机构（盖章） 　　　　　　　　　　　　　　　　　　　　　总监理工程师（签字、加盖执业印章） 　　　　　　　　　　　　　　　　　　　　　　　　年　　月　　日
审批意见（仅对超过一定规模的危险性较大的分部、分项工程专项施工方案）： 　　　　　　　　　　　　　　　　　　　　　建设单位（盖章） 　　　　　　　　　　　　　　　　　　　　　建设单位代表（签字） 　　　　　　　　　　　　　　　　　　　　　　　　年　　月　　日

3.1.4　课题工作任务训练的评价标准

按时完成任务（30%），文本和记录正确（50%），内容完整性（20%）。

3.1.5　课题工作任务的成果

任务的成果按上述参考格式编制与提交。

3.1.6　课题工作任务训练注意事项

在编制前，要先弄清施工组织设计报审表的编制次序和编制方法。其次提交课题工作任务训练成果，力求做到施工组织设计审核的精细化，尽最大努力有针对性地完成施工组织设计的形式审核与内容审核。

任务 3.2　施工方案审核

3.2.1　课题工作任务的含义和用途

施工方案是施工单位在编制施工组织设计的基础上，针对危险性较大的分部、分项工程或重点、关键部分施工单独编制的质量、安全技术措施文件。从管理、措施、技术、物资、应急救援上充分保障工程圆满完成。通过专项方案的编制、审查、审批、论证、实施、验收等过程，让管理层、监督层以及操作层充分认识危险源，防范各种危险，进一步提高安全思想意识。

3.2.2　课题工作任务的背景和要求

专业工程施工前，项目监理机构应审查施工单位报审的专项施工方案，符合要求时，由总监理工程师签认，对于超过一定规模的危险性较大的分部、分项工程专项施工方案，还应审查其是否组织并通过专家论证。项目监理机构应要求施工单位按已批准的专项施工方案组织施工。专项施工方案需要调整时，项目监理机构应按程序重新审查。

3.2.3　课题工作任务训练的步骤、格式和指导

1. 专项施工方案审查内容

（1）审查编制、审核、审批等程序是否符合法规要求，对于超过一定规模的危险性较大的分部、分项工程专项施工方案是否组织并通过专家论证。

（2）审查施工内容、工艺、方法和质量标准等符合设计文件、合同、标准、法律法规要求。

（3）对质量、安全保证措施的科学、适用、可行、经济性提出建议。

（4）对专项施工方案的相关计算进行参数选取、公式选取等的准确性进行复核。

2. 按照《（专项）施工方案报审表》的格式（表 3-2），填写施工方案审核成果。

（专项）施工方案报审表　　　　　　　　表 3-2

工程名称：××学院学生公寓　　　　　　　　　　　　　　　　编号：

致：<u>××监理有限公司</u>（项目监理机构） 　　我方已完成<u>　××学院学生公寓　</u>工程／（专项）施工方案的编制和审批，请予以审查。 　　附件：□施工组织设计 　　　　　☑专项施工方案 　　　　　□施工方案 　　　　　　　　　　　　　　　　　　　　施工项目经理部（盖章） 　　　　　　　　　　　　　　　　　　　　项目经理（签字） 　　　　　　　　　　　　　　　　　　　　　　　　年　　月　　日
审查意见： 　（1）编制、审核、审批等符合法规要求。 　（2）施工内容、工艺、方法和质量标准等符合设计文件、合同、标准、法律法规要求。 　（3）有质量、安全保证措施。 　（4）相关计算参数选取、公式选取等符合要求。 　　　　　　　　　　　　　　　　　　　　专业监理工程师（签字） 　　　　　　　　　　　　　　　　　　　　　　　　年　　月　　日
审核意见： 　　同意专业监理工程师意见，同意按此施工方案实施 　　　　　　　　　　　　　　　　　　　　项目监理机构（盖章） 　　　　　　　　　　　　　　　　　　　　总监理工程师（签字、加盖执业印章） 　　　　　　　　　　　　　　　　　　　　　　　　年　　月　　日
审批意见（仅对超过一定规模的危险性较大的分部分项工程专项施工方案）： 　　　　　　　　　　　　　　　　　　　　建设单位（盖章） 　　　　　　　　　　　　　　　　　　　　建设单位代表（签字） 　　　　　　　　　　　　　　　　　　　　　　　　年　　月　　日

3.2.4　课题工作任务训练的评价标准

按时完成任务（30%），文本和记录正确（50%），内容完整性（20%）。

3.2.5　课题工作任务的成果

5. 施工组织设计（专项）施工方案报审表

任务的成果按上述参考格式编制与提交。

3.2.6　课题工作任务训练注意事项

在编制前，要先弄清《（专项）施工方案报审表》的编制次序和编制方法。其次提交课题工作任务训练成果，力求做到《（专项）施工方案报审表》审核的精细化，尽最大努力有针对性地完成《（专项）施工方案报审表》的审核。

任务 3.3　组织机构审查

3.3.1　课题工作任务的定义和用途

施工单位通过针对性地组织专业化施工队伍进行施工，以利工程质量、进度、投资、安全等目标的实现。

3.3.2　课题工作任务的背景和要求

工程开工前，项目监理机构应审查施工单位现场的质量管理组织机构、管理制度及专职管理人员和特种作业人员的审查。

3.3.3　课题工作任务训练的步骤、格式和指导

1. 施工单位现场组织机构审查内容：

（1）审查施工单位组织机构人员数量、资质是否满足工程、合同需求。

（2）审查施工单位是否建立相关组织机构管理制度。

（3）审查特种作业人员是否持证上岗。

2. 按照表 3-3 填写审查成果。

施工现场组织机构报审、报验表　　　　　　　　　　　表 3-3

工程名称：×× 学校学生公寓　　　　　　　　　　　　　　　　编号：

致 ×× 监理有限公司（项目监理机构）： 　　我方已完成___现场组织机构建设___工作，经自检合格，现将有关资料上报，请予以审查和验收。 　　附：□ 隐蔽工程质量检验资料 　　　　□ 检验批质量检验资料 　　　　□ 分项工程质量检验资料 　　　　□ 检测机构证明资料 　　　　☑ 其他 　　　　　　　　　　　　　　　　　　　　施工项目部（盖章） 　　　　　　　　　　　　　　　　　　　　项目经理或项目技术负责人（签字） 　　　　　　　　　　　　　　　　　　　　　　年　　月　　日
审查和验收意见： 　　经审查，施工单位项目组织机构、管理制度及专职管理人员和特种作业人员符合要求。   　　　　　　　　　　　　　　　　　　　　项目监理机构（盖章） 　　　　　　　　　　　　　　　　　　　　专业监理工程师（签字） 　　　　　　　　　　　　　　　　　　　　　　年　　月　　日

3.3.4 训练的评价标准

按时完成任务（30%），文本和记录正确（50%），内容完整性（20%）。

3.3.5 课题工作任务的成果

6.报审、报验表

任务的成果按上述参考格式编制与提交。

3.3.6 课题工作任务训练注意事项

在编制前，要先弄清《施工现场组织机构报审、报验表》的编制次序和编制方法。其次提交课题工作任务训练成果，力求做到《施工现场组织机构报审、报验表》审核的精细化，尽最大努力有针对性地完成《施工现场组织机构报审、报验表》的审核。

任务 3.4　项目课题工作任务训练质量评价

3.4.1 课题工作任务训练质量自我评估与同学互评

自我评估与同学互评详见课题工作任务训练质量自我评估与同学互评表（表3-4）。

课题工作任务训练质量自我评估与同学互评表　　　　表3-4

实训项目					
小组编号		场地		实训者	
序号	考核项目	分值	实训要求		自评 / 互评
1	按时完成任务	30	按时按要求完成课题工作任务实训		
2	文本和判断正确	50	成果符合要求，准确		
3	内容完整性	20	记录规范、完整		
实训知识点总结与学习反思：					
小组其他成员评价得分：					
组长评价得分：				评价时间：	

3.4.2 课题工作任务训练质量教师评价

教师评价详见课题工作任务训练质量教师评价表（表3-5）。

课题工作任务训练质量教师评价表   表 3-5

实训项目					
小组编号		场地		实训者	
序号	考核项目	分值	实训要求		教师评定
1	按时完成任务	30	按时按要求完成课题工作任务实训		
2	文本和判断正确	50	实训成果符合要求，准确		
3	内容完整性	20	记录规范、完整		

完成课题工作任务存在的问题：

指导教师：   评价时间：

项目4　施工质量检查

施工质量检查是指对被检验项目的特征、性能进行测量、检查、试验等，并将结果与标准规定的要求进行比较，以确定项目每项性能是否合格的活动。

任务 4.1　检测工具使用

4.1.1　课题工作任务的含义和用途

通过检测工具对工程实体质量进行实测实量，针对存在问题，制定改进措施，落实整改，使工程实体质量得到有效控制。

4.1.2　课题工作任务的背景和要求

实测实量的前提是正确使用检测工具，如有些检测人员不会正确使用响鼓锤，在镜面石材或瓷砖面板上敲击，致其击打致损等。为此，结合有关规定及多年积累的实践经验，将常用工程质量检测工具的正确使用方法进行整理，供学生参照并认真做好实体质量的检测工作。切实保证实体质量得以有效控制。

4.1.3　课题工作任务训练的步骤、格式和指导

1. 检测尺（靠尺）使用方法

检测尺为折叠式结构，合拢长 1m，展开长 2m。用于 1m 检测时，推下仪表盖，活动销推键向上推，将检测尺左侧面靠紧被测面（注意握尺要垂直，观察红色活动销外露 3~5mm，摆动灵活即可），待指针自行摆动停止时，读取指针所指刻度下行刻度数值，此数值即被测面 1m 垂直度偏差，每格为 1mm。2m 检测时，将检测尺展开后锁紧连接扣，检测方法与 1m 相同，读取指

针所指上行刻度数值，此数值即被测面 2m 垂直度偏差，每格为 1mm。如被测面不平整，可用右侧上下靠脚检测。

（1）墙面垂直度检测

手持 2m 检测尺中心，位于同自己腰高的墙面上，但是，如果墙下面的勒脚或饰面未做到底时，应将其往上延伸相同的高度，如图 4-1 和图 4-2 所示（砖砌体、混凝土剪力墙、框架柱等结构工程的垂直度检测方法同上）。

当墙面高度不足 2m 时，可用 1m 长检测尺检测。应按刻度仪表显示规定读数，如上文所述，用 2m 检测尺时，取上面的读数；使用 1m 检测尺时，取下面的读数，如图 4-3 所示。

  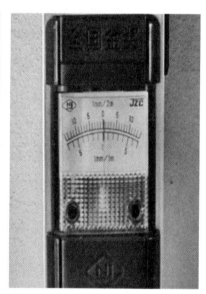

图 4-1　垂直度检测示范　　　　图 4-2　垂直度检测放大　　　　图 4-3　垂直度刻度仪表

对于高级饰面工程的阴阳角的垂直度也要进行检测：检测阳角时，要求检测尺离开阳角的距离不大于 50mm；检测阴角时，要求检测尺离开阴角的距离不大于 100mm。当然，越接近代表性就越强。

实测墙（柱）面垂直度时，托线板与墙（柱）面不能贴平的处理方法：

一般可以大于 1/2 托线板长度与墙（柱）面贴平后测得的数据为该墙（柱）面垂直度的实测值。理由是，墙（柱）面垂直度的实测值相对于 2m 托线板范围内的垂直度，采用大于 1/2 托线板长度与墙（柱）面贴平后测得的数据，反映了相对于 2m 托线板范围内的主要（或较大面积）墙（柱）面的垂直度。

（2）墙面平整度检测

检测墙面平整度时，检测尺侧面靠紧被测面，其缝隙大小用楔形塞尺检测。每处应检测三个点，即竖向一点，并在其原位左右交叉 45° 各一点，取其三点的平均值，如图 4-4、图 4-5 和图 4-6 所示进行检测。

平整度数值的正确读出，是用楔形塞尺塞入缝隙最大处确定的，但如果手放在靠尺板的中间，或两手分别放在距两端 1/3 处检测时，应在端头减去 100mm 后测定墙面平整度，如图 4-7 所示进行检测。如果将手放在检测尺的一端检测时，应测定另一端头的平整度，并取其值的 1/2 作为实测结果（砖砌体、混凝土剪力墙等结构工程的平整度检测方法同上，所不同的是受检混凝土柱子的正面及侧面,各斜向检测两处平整度)。

实测墙(柱)面平整度时,靠尺与墙面不能贴平的处理方法:

墙(柱)面的平整度一般可定义为在2m靠尺投影范围内,使靠尺不能贴平的任一点靠尺端点投影连线的距离。

如图4-8所示,设x为表面平整度值,a为靠尺离空端头至测面的距离。

当靠尺与测面离空的距离为1.0m时,则$\dfrac{a}{x}=\dfrac{2}{1}$,$x=0.5a$;

当靠尺与测面离空的距离为0.75m时,$x=0.625a$;

当靠尺与测面离空的距离为0.5m时,$x=0.752a$;

当靠尺与测面离空的距离为0.25m时,$x=0.875a$。

图4-4　竖直检测墙面平整度

图4-5　向左45°检测墙面平整度

图4-6　向右45°检测墙面平整度

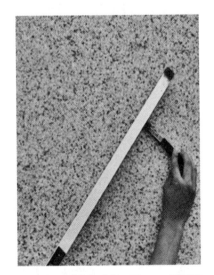
图4-7　端头减去100mm后测定墙面平整度

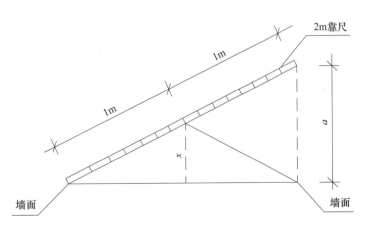
图4-8　靠尺与墙面不能贴平的处理

为简化计,当靠尺与测面离空长度为0.5m及其以上时,测其端头数据的1/2为该点的实测值；当为 0.5m 以内时，测其端头数据为该点的实测值。

（3）地面平整度检测

检测地面平整度时，与检测墙面平整度方法基本相同，仍然是每处应检测三个点，即顺直方向一点，并在其原位左右交叉 45° 各一点，取其三点的平均值。所不同的是遇有色带、门洞口时，应通过其进行检测。参照如图 4-9～图 4-12 所示进行检测。

图 4-9　顺直方向通过色带平整度检测

图 4-10　向左 45° 检测地面平整度

图 4-11　向右 45° 检测地面平整度

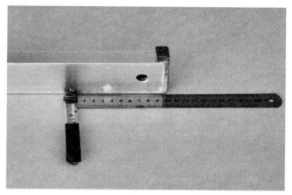

图 4-12　端头减去 100mm 后测定地面平整度

实测地面平整度时，靠尺与地面不能贴平的处理方法：

一般将靠尺与地面自然接触，如果靠尺与地面单头离空，则可按下述方法简化处理，即当靠尺与地面离空长度为 0.5m 及其以上时，测其端头数据的 1/2 为该点的实测值；当为 0.5m 以内时，测其端头数据为该点的实测值。如果靠尺与地面两端离空，则应选择靠尺端头离地面较大一端进行实测；当靠尺与地面离空长为 0.5m 及其以上时，测其端头数据的 1/2 为该点的实测值；当为 0.5m 以内时，测其端头数据为该点的实测值。

（4）水平度或坡度检测

视检测面所需要使用检测尺的长度，来确定是用 1m 的，还是用 2m 的检测尺进行检测。检测时，将检测尺上的水平气泡朝上，位于被检测面处，并找出坡度的最低端后，再将此端缓缓抬起的同时，边看水平气泡是否居中，边塞入楔形塞尺，直至气泡达到居中之后，在塞尺刻度上所显示的塞入深度，就是该检测面的水平度或坡度。参照如图 4-13～图 4-16 进行检测。还可利用检测尺对规格尺寸不大的台面，或长度尺寸不大的管道水平度、坡度进行检测。

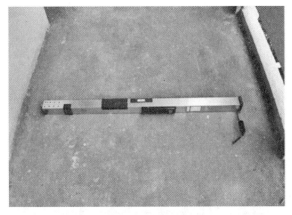

图 4-13　用 1m 检测尺检测地面水平度或坡度

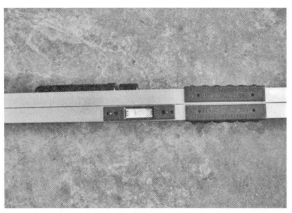

图 4-14　用 1m 检测尺检测地面水平度或坡度后气泡居中

图 4-15　用 2m 检测尺检测地面水平度或坡度

图 4-16　用 2m 检测尺及塞尺检测地面坡度

（5）仪表指针偏差校正方法

垂直检测时，如发现仪表指针数值有偏差，应将检测尺放在标准器上进行校对调正，标准器可自制：将一根长约 2m 水平直方木或铝型材，竖直安装在墙面上，由线坠调正垂直，将检测尺放在标准水平物体上，用十字螺丝刀调节水准管 S 形螺丝，使气泡居中。

2. 小线盒、钢直尺及楔形塞尺使用方法

钢直尺是最简单的长度量具，它的长度有 150mm、300 mm、500mm 和 1000mm 四种规格。图 4-17 是小线盒（卷线器），图 4-18 是常用的 150mm 钢直尺（钢板尺）。

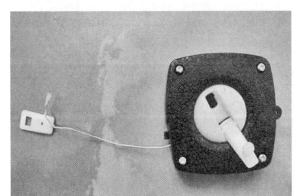

图 4-17　小线盒（卷线器）

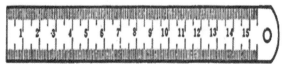

图 4-18　150mm 钢直尺（钢板尺）

（1）小线盒与钢直尺配合使用检测墙面板接缝直线度

从小线盒内拉出 5m 长的线，不足 5m 拉通线。三人配合检测：两人拉线，一人用钢直尺量测接缝与小线最大偏差值。参照示范图 4-19，图 4-20 进行检测。

 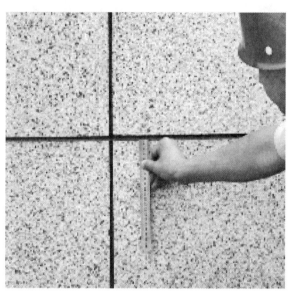

图 4-19　用小线与钢板尺三人配合检测饰面墙　　　　图 4-20　用钢直尺检测接缝直线度（放大）
接缝直线度

（2）小线盒与钢板尺配合使用检测地面板块分格缝接缝直线度

其检测方法同墙面板接缝直线度检测，并参照如图 4-21 和图 4-22 所示进行检测。

图 4-21　用小线盒与钢直尺三人配合检测地面砖　　　　图 4-22　检测地面板块墙接缝直线度（放大）
接缝直线度

（3）用钢直尺检测接缝宽度

用钢直尺检测分格缝较大缝隙时，注意钢板尺上面的刻度为 1mm 的精度；其下面的刻度为 0.5mm 的精度。如图 4-23 所示。

（4）用楔形塞尺（游标塞尺）检测缝隙宽度

用楔形塞尺检测较小接缝缝隙时，可直接将楔形塞尺插入缝隙内。当塞尺紧贴缝隙后，再推动游码至饰面或表面，并锁定游码，取出塞尺读数，如图 4-24 所示。

图4-23　用钢直尺检测分格缝较大缝隙

图4-24　用楔形塞尺检测分格缝较小缝隙

（5）用0.1～0.5mm薄片塞尺与钢板尺配合检查接缝高低差

先将钢板尺竖起位于面板或面砖接缝较高一侧，并使其紧密与面板或面砖结合。然后再视缝隙大小，选择不同规格的薄片塞尺，并将其缓缓插入缝隙即可。在0.1～0.5mm薄片塞尺范围内，所选择的塞尺上标注的规格，就是接缝高低差的实测值（注意当接缝高低差大于0.5mm时，用楔形塞尺进行检测，参照如图4-25所示进行检测）。

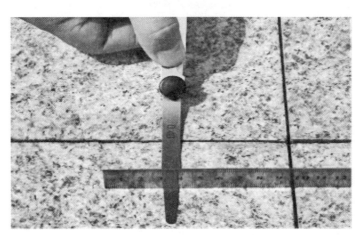

图4-25　用薄片塞尺与钢板尺配合检查接缝高低差

3. 方尺（直角尺）使用方法

方尺也称之为直角尺，不仅适用于土建装饰装修饰面工程的阴阳角方正度检测，还适用于土建工程的模板90°的阴阳角方正度、箍筋与主筋的方直度、钢结构主板与缀板的方正度、钢柱与钢牛腿的方正度、安装工程的管道支架与管道及墙面或地面的方正度、避雷带支架与避雷带以及女儿墙或屋脊、檐口的方正度等检测。检测时，将方尺打开，用两手持方尺紧贴被检阳角两个面、看其刻度指针所处状态，当处于"0"时，说明方正度为90°，即读数为"0"；当刻度指针向"0"的右边偏离时，说明角度大于90°；当刻度指针向"0"的左边偏离时，说明角度小于90°，偏离几个格，就是误差几毫米（该尺左右各设有7mm的刻度，对于普通抹灰工程而言，允许偏差为4mm，若超过6mm，即超过1.5倍时，不仅是不合格，而且还须返修）。严格来讲，对一个阳角或阴角的检测应该是取上、中、下三点的平均值，才具有代表性。参照如图4-26～图4-30所示进行检测。

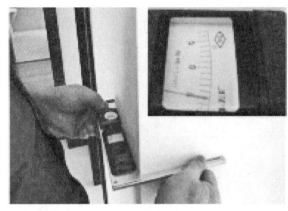

图 4-26 室内装饰墙面用方尺检测阳角方正

图 4-27 用方尺检测墙面砖阴角的方正

图 4-28 用方尺检测石材墙面
阳角的中间点方正

图 4-29 用方尺检测石材墙面
阳角的上部方正

图 4-30 用方尺检测石材墙面
阳角的下部方正

4. 磁力线坠使用方法

磁力线坠适用于上下水、消防水、供暖、煤气等竖向金属管道安装工程的垂直度检测。还适用于高度在 3～5m 的钢管柱或钢柱安装工程的垂直度检测。现以竖向管道安装工程为例，叙述其垂直度检测方法。先从磁力盒中将线坠拉一定长度，然后再将磁力盒吸附在操作者手能探得着的高度处，再用钢卷尺量定 1m 高。当线坠稳定后，用钢板尺在线坠上端测定其垂直度偏差值。检测时应在每根受检管道的正、侧两个方向各检测一处垂直度。参照如图 4-31～图 4-33 所示进行检测。

5. 响鼓锤使用方法

响鼓锤分为两种，一种是锤头重 25g 的，称之为大响鼓锤；另一种是锤头重 10g 的，称之为小响鼓锤。其各自的用途和使用方法都不相同，不能随意乱用。

（1）大响鼓锤使用方法

大响鼓锤的锤尖是用来检测大块石材面板或大块陶瓷面砖的空鼓面积或程度。使用的方法是将锤尖置于其面板或面砖的角部，左右来回退着向面板或面砖的中部轻轻滑动，边滑动边听其声音，并通过滑动过程所发出的声音来判定空鼓的面积或程度。参照如图 4-34 和图 4-35 所示进行检测。

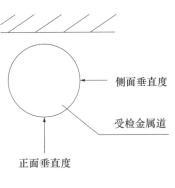

图 4-31 用磁力线坠检测管道垂直度的定位

图 4-32 用磁力线坠检测管道
正面垂直度

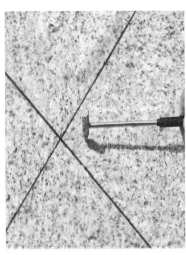
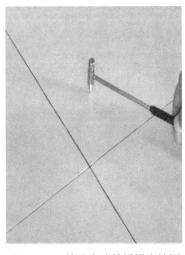

图 4-33 用磁力线坠检测管道侧面
垂直度

图 4-34 使用大响鼓锤锤尖检测
石材地板空鼓面积或程度

图 4-35 使用大响鼓锤锤尖检测
大块陶瓷面砖空鼓面积或程度

注意：① 千万不能用锤头或锤尖敲击面板或面砖。② 对空鼓面积做标注时，由于带色笔难以清除，最好用白色粉笔画出。

大响鼓锤的锤头是用来检测较厚的水泥砂浆找坡层及找平层，或厚度在 40mm 左右混凝土面层的空鼓面积或程度的。使用的方法是将锤头置于距其表面 20～30mm 的高度，轻轻反复敲击，并通过轻击过程所发出的声音，来判定空鼓的面积或程度，如图 4-36 所示。

（2）小响鼓锤使用方法

小响鼓锤的锤头是用来检测厚度在 20mm 以下的水泥砂浆找坡层、找平层、面层的空鼓面积或程度。使用的方法是将锤头置于距其表面 20～30mm 的高度，轻轻反复敲击，并通过轻击过程所发出的声音，来判定空鼓的面积或程度。

小响鼓锤的锤尖是用来检测小块陶瓷面砖的空鼓面积或程度。使用的方法是将滑锤尖置于其面砖的角部，左右来回退着向面砖的中部轻轻滑动，边滑动边听其声音，即通过滑动过程所发出的声音，来判定空鼓的面积或程度，如图 4-37 所示。

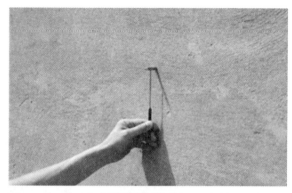 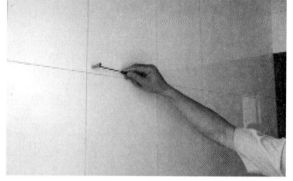

图 4-36　使用大响鼓锤锤头检测找平层空鼓面积或程度　　图 4-37　使用小响鼓锤锤尖检测面砖空鼓面积或程度

（3）伸缩响鼓锤使用方法

伸缩响鼓锤也是常用的一种检测工具，是用来检查地（墙）砖、乳胶漆墙面与较高墙面的空鼓情况。其使用方法是将响鼓锤拉伸至最长，并轻轻敲打瓷砖及墙体表面，即通过轻轻敲打过程所发出的声音，来判定空鼓的面积或程度，如图 4-38 和图 4-39 所示。

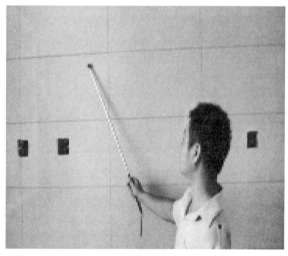 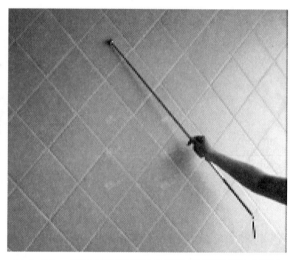

图 4-38　使用伸缩响鼓锤检测面砖空鼓面积或程度　　图 4-39　使用伸缩响鼓锤检测地砖空鼓面积或程度

6. 对角检测尺使用方法

（1）对角检测尺的功能，主要是用来检测门窗、洞口等构件或实体的对角线差，并通过对角线差来判定其方正度。对角检测尺为三节伸缩结构，中节尺设有三档刻度线。检测时，视其被检构件斜线长度，将大节尺推键锁定在中节尺上某档刻度线"0"位，再将对角检测尺两端尖角顶紧被测对角顶点，紧固小节尺。检测另一对角线时，松开大节尺推键，使其两端尖角顶住被测对角顶点后紧固推键，同时读出对角线差值，如图 4-40～图 4-42 所示。

（2）对角检测尺与检测镜配合使用方法

对角检测尺上部的小节尺顶端备有 M6 螺栓，可装检测镜对高处的背面、冒头等质量状态进行检测。尺与镜配合使用方法如图 4-43～图 4-46 所示。

（3）单独使用检测镜的检测方法

单独使用检测镜进行观感质量检测，用以检测管道背后、门的上下冒头、弯曲面等肉眼不易直接看到的部分质量。可参照如图 4-47 和图 4-48 所示进行检测。

图 4-40　右侧对角线检测

图 4-41　左侧对角线检测

图 4-42　对角线检测尺刻度调
"0"位

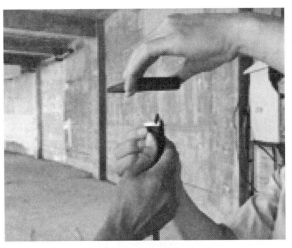
图 4-43　尺与镜组合

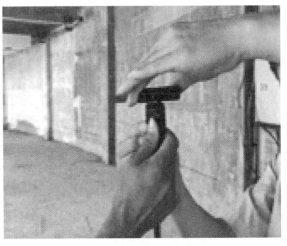
图 4-44　尺与镜连接

图 4-45　用组合镜检测高处管道安装或防腐质量

图 4-46　用组合镜检测高处油漆质量

图 4-47　用检测镜检测竖向管道防腐质量

图 4-48　用检测镜检测门冒头油漆质量

7. 用钢卷尺检测柱子截面尺寸的方法

检测时，每根柱子应检测两个面的截面尺寸，最好将尺的端头让出 100mm 后再量测，以免勾住一端出现人为偏差，如图 4-49 所示。

8. 百格网使用方法

用百格网检测砂浆饱满度方法：格网共分为 100 个格，是用来套比或检测砌体所用砖的砂浆饱满程度。不仅适用于被淘汰的黏土砖，也适用于免烧砖、空心砖等同规格的砖。检测时，要求在砌筑过程中，对每个操作者跟踪随机抽取三块砖，并将三块砖翻面朝上，用百格网分别套比或检测其饱满程度，且取其三块砖的平均值（注意一般砌体砂浆饱满度不小于 80%，保温墙体不小于 90%，超出此范围应返工处理；检测时，应对翻上来的三块砖进行检测，不得只随意检查砌体上的三块砖面）。可参照如图 4-50 所示进行检测。

图 4-49　钢卷尺检测柱子截面尺寸

图 4-50　砖的砂浆饱满程度检测

9. 混凝土回弹仪使用方法

混凝土回弹仪用以测试混凝土的抗压强度，是现场检测使用最广泛的混凝土抗压强度无损检测仪器。这是获取混凝土质量和强度最快速、最简单和最经济的测试方法，混凝土回弹仪有刻度型和数显型两种。现场常用刻度型。

混凝土回弹仪使用方法如下：

（1）将弹击杆顶住混凝土的表面，轻压仪器，使按钮松开，放松压力时弹击杆伸出，挂钩挂上弹击锤。

（2）使仪器的轴线始终垂直于混凝土的表面并缓慢均匀施压，待弹击锤脱钩冲击弹击杆后，弹击锤回弹带动指针向后移动至某一位置时，指针在刻度尺上显示出一定数值，即为回弹值。

（3）仪器机芯继续顶住混凝土表面进行读数并记录回弹值。如条件不利于读数可按下按钮，锁住机芯，将仪器移至其他处读数。

（4）逐渐对仪器减压，使弹击杆从仪器内伸出，待下一次使用。

注意事项：

（1）测区宜选在构件的两个对称可测面上，也可选在一个可测面上，且应均匀分布。在构件的重要部位及薄弱部位必须布置测区，并应避开预埋件。

（2）测区面积不宜大于 0.04m²。

（3）检测面应为混凝土表面，并应清洁、平整，不应有疏松层、浮浆、油垢、涂层以及蜂窝、麻面。必要时可用砂轮清除疏松层和杂物，且不应有残留的粉末或碎屑。

（4）对弹击时产生振动的薄壁、小型构件应进行固定。

（5）回弹法主要用于已建和新建结构的混凝土强度检测，适用于抗压强度 10MPa～60MPa 的混凝土。

10. 钢筋扫描仪

钢筋扫描仪主要用于工程建筑混凝土结构中钢筋分布、直径、走向，混凝土保护层厚度质量的检测。钢筋扫描仪能够在混凝土的表面测定钢筋的位置、布筋情况、测量混凝土保护层厚度、钢筋直径等。

（1）梁类构件的位置及保护层厚度检测

检测方法：确定箍筋位置，在间距大的箍筋中间慢速匀速移动传感器，人工判定钢筋位置；在相反的方向重新扫描一次，两次扫描结果相互验证。为了慎重起见，最好在另外两根上层钢筋中间重复上述测量，以核实测量结果。

（2）钢筋保护层厚度现场检测

1）仪器连接：用信号电缆连接主机和探头，将插头固定螺丝旋紧。每次更换探头应在开机前连接好，以便仪器判定探头。

2）开机和预设：按"开／关"键，仪器开机，自动进入选项菜单。然后预设钢筋直径。

3）清零：拿起探头放在空气中，离开混凝土构件表面和金属物至少 30cm，检查钢筋探测仪是否偏离调零时的零点状态。

4）钢筋位置及保护层厚度测定：将探头平行于钢筋，放在测区起始位置混凝土表面，沿混凝土表面垂直钢筋方向移动探头，移动过程中，指示条增长，保护层厚度数值减小，说明探头正在向钢筋位置移动，当钢筋轴线和探头中心线重合时，指示条最长，保护层厚度最小，读取第 1 次检测的混凝土保护层厚度检测值，在被测钢筋的同一位置应重复检测 1 次，读取第 2 次混凝土保护层厚度检测值。同时，将钢筋的轴线位置标记出来。在测试完该测区钢筋保护层厚度后，依次量测出已经标记的相邻钢筋的间距。

5）检测过程中注意事项

①操作过程中仪器要轻拿轻放，严格按照仪器操作规程检测。

②检测过程中应避开钢筋接头绑丝，同一处读取的2个混凝土保护层厚度检测值相差大于1mm时，该组检测数据无效，并查明原因，在该处重新检测。仍不满足要求时，应更换钢筋探测仪或采用钻孔、剔凿的方法验证。

③检测过程可采用探头附加垫块的方法进行检测。

④探头移动速度不得大于2cm/s，尽量保持匀速移动，避免在找到钢筋前向相反方向移动，否则会造成较大的检测误差甚至漏筋。

⑤如果连续工作时间较长，为了提高检测精度，应注意每隔5min将探头拿到空气中，远离金属，按"确认"键复位。对检测结果有异议，也可按此操作。

⑥正确设置钢筋直径，否则影响检测结果。

11. 楼板测厚仪

专业用于测量现浇楼板等非金属、混凝土或墙、柱、梁、木材陶瓷等其他非铁磁体介质的厚度。测厚范围：50～350mm，测厚精度：误差 ±1～2mm。

楼板测厚仪使用方法：把探头紧贴楼板顶面，在左右慢慢移动探头，使屏幕上厚度值逐渐减小，直到找到最小值的位置，则该位置正好位于发射探头正上方，显示的厚度值即为该测点的楼板厚度；显示确信为楼板厚度时，按"确定"键贮存，该测点测厚完成。

12. 激光测距仪使用方法

（1）短暂按住"起停开关键"启动测距仪。

（2）长度测量：先选择功能键长度、面积和体积测量键，直到屏幕出现"—"符合为止，再固定在墙面上，瞄准所需测量的位置，各按一次测量和持续测量按键，最后测量数据会显示在屏幕的下端。

13. 卷尺使用方法

卷尺分为钢卷尺、自卷式卷尺，制动式卷尺，摇卷式卷尺。钢卷尺又名钢皮卷尺、钢盒尺。卷尺长度有2m、3m、5m、20m、30m、50m等数种。

使用方法及读数，以钢卷尺为例：

一手压下卷尺上的按钮，一手拉住卷尺的头，即可拉出来测量。

（1）直接读数法：测量时钢卷尺零刻度对准测量起始点，施以适当拉力，直接读取测量终止点所对应的尺上刻度。

（2）间接读数法：在一些无法直接使用钢卷尺的部位，可以使用钢尺或直角尺，使零刻度对准测量点，尺身与测量方向一致；用钢卷尺量取到钢尺或直角尺上某一整刻度的距离，余长用读数法量出。

14. 游标卡尺

（1）游标卡尺的读数方法

以刻度值0.02mm的精密游标卡尺为例，读数方法，可分三步：

1）根据副尺零线以左的主尺上的最近刻度读出整毫米数。

2）根据副尺零线以右与主尺上的刻度对准的刻线数乘上0.02读出小数。

3）将上面整数和小数两部分加起来，即为总尺寸。0.02mm游标卡尺如图4-51所示。

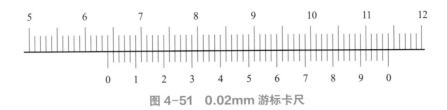

图 4-51　0.02mm 游标卡尺

（2）游标卡尺的使用方法

将测量爪并拢，查看游标和主尺身的零刻度线是否对齐。如果对齐就可以进行测量，如没有对齐则要记取零误差：游标的零刻度线在尺身零刻度线右侧的叫正零误差，在尺身零刻度线左侧的叫负零误差（这种规定方法与数轴的规定一致，原点以右为正，原点以左为负）。

测量时，右手拿住尺身，大拇指移动游标，左手拿待测外径（或内径）的物体，使待测物位于外测量爪之间，当与量爪紧紧相贴时，即可读数，如图 4-52 所示。

图 4-52　游标卡尺使用

（3）游标卡尺的应用

游标卡尺作为一种常用量具，可具体应用在：

测量工件宽度；测量工件外径；测量工件内径；测量工件深度（图 4-53）。

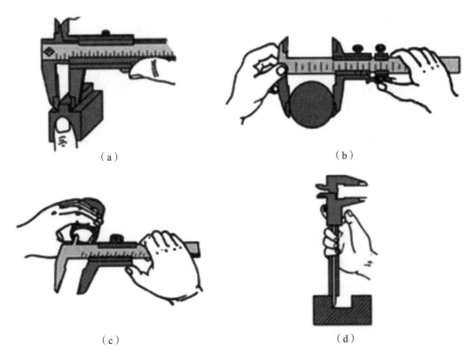

（a）　　　　　　　　　　　　　（b）

（c）　　　　　　　　　　　　　（d）

图 4-53　游标卡尺测量工件

（a）测量工件宽度；（b）测量工件外径；（c）测量工件内径；（d）测量工件深度

游标卡尺是比较精密的量具，使用时应注意如下事项：

1）使用前，应先擦干净两卡脚测量面，合拢两卡脚，检查副尺零刻度线与主尺零刻度线是否对齐，若未对齐应根据原始误差修正测量读数。

2）测量工件时，卡脚测量面必须与工件的表面平行或垂直，不得歪斜。且用力不能过大，以免卡脚变形或磨损，影响测量精度。

3）读数时，视线要垂直于尺面，否则测量值不准确。

4）测量内径尺寸时，应轻轻摆动，以便找出最大值。

5）游标卡尺用完后，仔细擦净，抹上防护油，平放在盒内，以防生锈或弯曲。

15. 力矩扳手

力矩扳手主要用于检查支模架、脚手架扣件的扭矩。使用前，必须首先调整零位。

（1）右旋使用时：顺时针旋转表盖上的旋钮，使记忆指针与主动指针靠紧，且主动指针指向刻度盘的零刻度线。

（2）左旋使用时：逆时针旋转表盖上的旋钮，使记忆指针与主动指针靠紧，且主动指针指向刻度盘的零刻度线。停止施力后，主动指针在弹性元件和机芯扭簧的作用下自动回复零位，记忆指针仍停留在指示的刻度值上，并可准确读出扭矩值。旋转表盖上的旋钮，使记忆指针也回到零位，即可进行下一次使用。

16. 接地电阻测试仪

接地电阻，是指埋入地下的接地体电阻和土壤散流电阻，通常采用接地电阻测试仪（或称接地电阻摇表）进行测量，如图4-54所示。

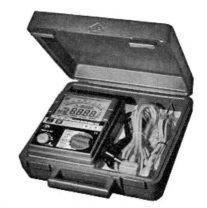

图4-54　接地电阻测试仪

（1）接地电阻测试要求：

1）交流工作接地，接地电阻不应大于4Ω。

2）安全工作接地，接地电阻不应大于4Ω。

3）直流工作接地，接地电阻应按计算机系统具体要求确定。

4）防雷保护接地，接地电阻不应大于10Ω。

5）对于屏蔽系统，如果采用联合接地时，接地电阻不应大于1Ω。

（2）ZC-8型接地电阻测试仪：

ZC-8型接地电阻测试仪适用于测量各种电力系统、电气设备、避雷针等接地装置的电阻值，亦可测量低电阻导体的电阻值和土壤电阻率。

本仪表工作由手摇发电机、电流互感器、滑线电阻及检流计等组成，全部机构装在塑料壳内，外有外皮便于携带。附件有辅助接地棒等，装于附件袋内。其工作原理采用基准电压比较式。

（3）使用前检查测试仪是否完整，测试仪包括如下器件：

1）ZC-8 型接地电阻测试仪一台。

2）辅助接地棒两根。

3）导线 5m、20m、40m 各一根。

（4）使用与操作

1）测量接地电阻值时接线方式的规定

仪表上的 E 端钮接 5m 导线，P 端钮接 20m 线，C 端钮接 40m 线，导线的另一端分别接被测物接地极 E'，电位探棒 P' 和电流探棒 C'，且 E'、P'、C' 应保持直线，其间距为 20m。

2）测量接地电阻时接线图如图 4-55 所示。

将仪表上 2 个 E 端钮连接在一起。

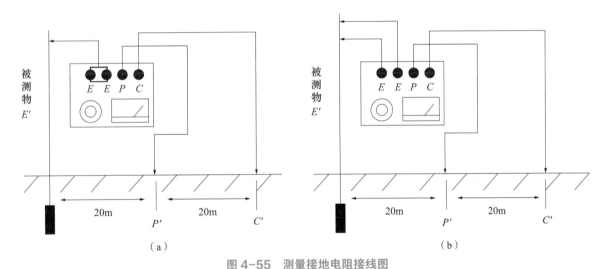

图 4-55　测量接地电阻接线图

（a）测量大于等于 1Ω 接地电阻时接线图；（b）测量小于 1Ω 接地电阻时接线图

3）测量小于 1Ω 接地电阻时接线图：

将仪表上 2 个 E 端钮导线分别连接到被测接地体上，以消除测量时连接导线电阻对测量结果引入的附加误差。

4）操作步骤：

① 仪表端所有接线应正确无误。

② 仪表连线与接地极 E'、电位探棒 P' 和电流探棒 C' 应牢固接触。

③ 仪表放置水平后，调整检流计的机械零位是否归零。

④ 将"倍率开关"置于最大倍率，逐渐加快摇柄转速，使其达到 150r/min。当检流计指针向某一方向偏转时，旋动刻度盘，使检流计指针恢复到"0"点。此时刻度盘上度数乘上倍率档即为被测电阻值。

⑤ 如果刻度盘度数小于 1 时，检流计指针仍未取得平衡，可将倍率开关置于小一档的倍率，直到调节到完全平衡为止。

⑥ 如果发现仪表检流计指针有抖动现象，可变化摇柄转速，以消除抖动现象。

5）注意事项：

① 禁止在有雷电或被测物带电时进行测量。

② 仪表携带、使用时须小心轻放，避免剧烈振动。

③ 为了保证所测接地电阻值的可靠，应改变方位重新进行复测。取几次平均值作为接地体的接地电阻。

（5）绝缘电阻测试仪具体操作使用方法：

1）测量前：应切断被测电器及回路的电源，并对相关元件进行临时接地放电，以保证人身与绝缘电阻测试仪的安全和丈量结果准确。

2）测量时：应将绝缘电阻测试仪保持水平位置，左手按住表身，右手摇动兆欧表摇柄，转速约 120r/min，指针应指向无穷大否则说明兆欧表有故障。

3）测量时：必须正确接线，绝缘电阻测试仪共有 3 个接线端（分别为 "L" "E" "G"），测量回路对地电阻时，"L" 端与回路的裸露导体连接，"E" 端连接接地线或金属外壳；测量回路的绝缘电阻时，回路的首端与尾端分别与 "L" "E" 连接；测量电缆的绝缘电阻时，为防止电缆外表泄漏电流对丈量精度发生影响，应将电缆的屏蔽层接至 "G" 端。

4）摇动表时不能用手接触绝缘电阻测试仪的接线柱和被测回路，以防触电。

5）摇动表后，各接线柱之间不能短接，以免损坏。

6）两根导线之间和导线与地之间应保持适当距离，绝缘电阻测试仪接线柱引出的测量软线绝缘应良好，以免影响测量精度。

4.1.4 课题工作任务训练的评价标准

按时完成任务（20%），会正确使用检测工具（50%），检测工具掌握程度（30%）。

4.1.5 课题工作任务的成果

任务的成果按上述参考格式编制与提交。

4.1.6 工作任务训练注意事项

在编制前，要先弄清工程施工质量检测报告的编制次序和编制方法。其次提交课题工作任务训练成果，力求做到工程施工质量检测报告的精细化，尽最大努力有针对性地完成工程施工质量检测报告。

任务 4.2 旁站、见证取样与平行检验

4.2.1 课题工作任务的含义和用途

（1）旁站：项目监理机构对工程的关键部位或关键工序的施工质量进行的监督活动。

（2）见证取样：项目监理机构对施工单位进行的涉及结构安全的试块、试件及工程材料现场取样、封样、送检工作的监督活动。

（3）平行检验：项目监理机构在施工现场自检的同时，按有关规定、建设工程监理合同约定对同一检验项目进行的检测试验活动。

4.2.2 课题工作任务的背景和要求

（1）旁站：项目监理机构应根据工程特点和施工单位报送的施工组织设计，确定旁站的关键部位、关键工序，安排监理人员进行旁站，并应及时记录旁站情况。旁站的关键部位、关键工序包括：

1）基础工程：土方回填，混凝土灌注桩浇筑，地下连续墙、土钉墙、后浇带及其他结构混凝土、防水混凝土浇筑，卷材防水层细部构造处理等。

2）主体结构：梁柱节点钢筋隐蔽过程、混凝土浇筑、预应力张拉、装配式结构安装、网架结构安装、索膜安装等。

3）建筑节能：对易产生热桥和热工缺陷部位的施工以及墙体、屋面等保温工程隐蔽前的施工等。

（2）见证取样：项目监理机构应审查施工单位报送的用于工程的材料、构配件、设备的质量证明文件，并按有关规定、建设工程监理合同约定，对用于工程的材料进行见证取样。项目监理机构对已进场经检验不合格的工程材料、构配件、设备，应要求施工单位限期将其撤出施工现场。

（3）平行检验：项目监理机构应根据工程特点、专业要求和建设监理合同约定，对施工质量进行平行检验。

4.2.3 课题工作任务训练的步骤、格式和指导

（1）旁站

1）旁站的工作内容：

① 检查施工单位质保体系、人员、材料、设备落实情况；② 进场材料质保资料及复验情况；③ 检查施工操作是否符合施工方案要求；④ 检查安全设施是否符合要求；⑤ 检查上道工序的资料报审情况；⑥ 在旁站过程中发现质量、安全隐患或资料存在问题及时向专业监理工程师或总监理工程师汇报。

2）按照表4-1，填写《旁站记录》。

（2）见证取样

1）见证取样工作内容：

① 根据规范、图纸、招标投标文件等要求及时核对进场材料的种类、规格、生产厂家、外观质量等，收集相关质量证明文件并做好原材料进场验收登记表，要求进场数量清单、合格证、厂家检测报告相关参数一一对应；

② 熟悉本工程使用的需进场后复检的原材料、实体试验等，按照见证取样要求进行见证送检并登记见证取样台账；

③ 对于进场验收或见证取样检测不合格的材料或部位及时向专业监理工程师或总监理工程师汇报后处理；

④ 未经进场验收合格的材料严禁使用。

2）按照表4-2，对原材见证情况进行登记。

旁站记录 表4-1

工程名称：××学院学生公寓 编号：

施工单位	××建设有限公司		
旁站的关键部位、关键工序	六层梁板混凝土浇筑		
旁站开始时间	2019年10月7日上午7点45分	旁站结束时间	2019年10月7日下午4点20分

旁站的关键部位、关键工序施工情况：

1. 质检员、安全员、各施工人员到岗共19人。

2. 投入施工机械设备：1台地泵，若干混凝土罐车，3台振捣棒，若干铁铲。

3. 采用××××混凝土有限公司的商品混凝土，其中墙柱混凝土强度等级C40，梁板混凝土强度等级C30，现场采用泵送浇筑混凝土，C40为156m³，C30为40m³。

4. 整个施工过程按施工方案施工，整个混凝土浇筑过程正常、顺利。发现的问题和处理情况：

（1）现场旁站，经查质检人员、安全员、钢筋工、木工、电工等相应班组有安排专人值班，机械设备运转良好。

（2）现场检查混凝土合格证有效，混凝土强度等级符合设计要求，同意使用。

（3）对施工过程进行全过程监督，完成混凝土浇捣，各施工工序，执行施工方案，无违反强制性条文。

（4）抽查混凝土坍落度，C40坍落度为155mm、168mm、150mm，C30坍落度为150mm、142mm、145mm。

5. 现场见证取样：C40标准养护2组，同条件1组；C30标准养护1组，同条件1组，拆模1组。

发现的问题和处理情况：

旁站监理人员（签字）

年 月 日

钢筋 试样见证取样台账记录 表4-2

工程名称：××学院学生公寓 编号：

序号	编号	试验名称	规格/等级	使用部位	代表数值	合格证编号/（炉罐号）	见证人	取样日期	送检日期	检测单位	报告编号	试验检测结果
1	—	钢筋力学性能	HRB400/12	5层柱 6层梁板	53.36t	—	×××	—	—	××建设工程质量检测中心有限公司	—	合格
2	—	钢筋力学性能	HRB400/14	5层柱 6层梁板	52.86t	—	×××	—	—	××建设工程质量检测中心有限公司	—	合格
3	—	钢筋力学性能	HRB400/16	5层柱 6层梁板	48.68t	—	×××	—	—	××建设工程质量检测中心有限公司	—	合格
4	—	钢筋力学性能	HRB400/18	5层柱 6层梁板	49.775t	—	×××	—	—	××建设工程质量检测中心有限公司	—	合格

（3）平行检验

按照施工质量验收标准，对现场实体施工质量进行检查验收。

1）检验批质量验收应符合下列规定：

① 主控项目的质量经抽样检验均应合格；② 一般项目的质量经抽样检验合格；当采用计数

抽样时，合格率应符合有关专业验收规范的规定，且不得存在严重缺陷；③具有完整的施工操作依据、质量验收记录。

2）分项工程质量合格应符合下列规定：

①所含检验批的质量均应验收合格；②所含检验批的质量验收记录应完整。

3）分部工程质量合格应符合下列规定：

①所含分项工程的质量均应验收合格；②质量控制资料应完整；③有关安全、节能、环境保护和主要使用功能的抽样检验结果应符合相应规定；④观感质量应符合要求。

4）单位工程质量验收合格应符合下列规定：

所含分部工程的质量均应验收合格，其余要求同分部工程质量验收规定。

5）按照表4-3，填写原材平行检验记录。

<u>钢筋加工</u> 平行检验记录　　　　　　　　　　　　　　　表 4-3

编号：

单位（子单位）工程名称			××学校学生公寓		
分部（子分部）工程名称	主体结构	分项工程名称	钢筋	验收部位	6层梁板
验收项目			检查记录	检查结果	
主控项目	1	受力钢筋的弯钩和弯折	抽查9处，全部合格	合格	
	2	箍筋弯钩形式	抽查9处，全部合格	合格	
	3	钢筋调直后应进行力学性能和重量偏差检验	试验合格，报告编号××××××	合格	
	4				
	5				
	6				
	7				
	8				
一般项目	1	钢筋调直	符合要求	合格	
	2	受力钢筋顺长度方向全长的净尺寸	—	合格	
	3	弯起钢筋的弯折位置	—	合格	
	4	箍筋内净尺寸	—	合格	
	5				
	6				
	7				
	8				
检查人员			检查照片		
总监／专监					

4.2.4 课题工作任务训练的评价标准

按时完成任务（20%），文本和记录正确（50%），内容的完整性（30%）。

4.2.5 课题工作任务的成果

7. 见证取样台账　　　　8. 旁站记录　　　　9. 平行检验记录

任务的成果按上述参考格式编制与提交。

4.2.6 课题工作任务训练注意事项

在编制前，要先弄清检验批验收记录的编制次序和编制方法。其次提交课题工作任务训练成果，力求做到检验批验收记录的精细化，尽最大努力有针对性地完成检验批验收记录。

任务 4.3　　分户验收

4.3.1 课题工作任务的含义和用途

分户验收，即"一户一验"，是指住宅工程在按照国家有关标准、规范要求进行工程竣工验收时，对每一户住宅及单位工程公共部位进行专门验收，并在分户验收合格后出具工程质量竣工验收记录。

4.3.2 课题工作任务的背景和要求

单位工程竣工验收前，按照有关质量验收标准规定的检查方法，逐户、逐间、逐段进行检查检验，需要实测实量的检查项目应使用靠尺板、水平仪、激光测距仪和钢尺等专业工具进行检查，检查工具应符合计量检定标准要求。

4.3.3 课题工作任务训练的步骤、格式和指导

1. 分户验收的条件

（1）工程已完成设计和合同约定的工作量。

（2）所含（子）分部工程的质量均验收合格。

（3）工程质量控制资料完整。

（4）主要功能项目的抽查结果均符合要求。

（5）有关安全和功能的检测资料应完整。

（6）施工单位已提交工程竣工报告。

2. 分户验收前的准备工作

（1）根据工程特点制定分户验收方案，对验收人员进行培训交底。

（2）配备好分户验收所需的检测仪器和工具。

（3）做好屋面蓄（淋）水、卫生间等有防水要求房间的蓄水准备工作。

（4）在室内地面上标识好暗埋水、电管线的走向和室内空间尺寸测量的控制点、线；配电控制箱内电气回路标识清楚。

（5）确定检查任务。

3. 分户验收人员资格要求

建设单位参验人员应为项目负责人、专业技术人员；施工单位参验人员应具备建造师、质量检查员、施工员等执业资格或证书；监理单位参验人员应为相关专业的监理工程师。

4. 分户验收所使用的仪器和计量工具要求

分户验收所使用的仪器和计量工具应经计量检定合格。

5. 住宅工程分户验收要求

（1）检查项目应符合规定。

（2）每一检查任务计量检查的项目中有 80% 及以上在允许偏差范围内，最大偏差不超过允许偏差的 1.5 倍。

（3）分户验收记录完整。

6. 进行分户验收

分户检验内容、方法、数量、检验标准见表 4-4。

分户检验内容、方法、数量、检验标准 　　　　　　　　表 4-4

检验项目	检验内容	检查方法及数量	检验标准
1. 楼地面、墙面、顶棚面层	楼地面空鼓、裂缝	小锤轻击、观察检查。全数检查	空鼓面积不大于 400cm²，且每自然间不多于 2 处可不计；不得出现裂缝
	墙面、顶棚空鼓、裂缝、脱层和爆灰		无空鼓、脱层；距检查面 1m 处正视无裂缝和爆灰
2. 门窗安装	窗台高度	钢尺检查，每个窗台不少于一处。全数检查	窗台或落地窗防护栏杆高度不低于 900mm 且不得有负偏差
	外窗渗漏	淋水 1h 或下雨后，观察检查。全数检查	外窗及周边无渗漏
	推拉窗防脱落措施	观察，扳手检查。全数检查	推拉窗必须设置防脱落装置
	安全玻璃认证标识	观察检查安全认证标识	凡应使用安全玻璃的，不得使用非安全玻璃代替，玻璃上有安全认证标识（标识不得隐蔽）
3. 栏杆安装	栏杆高度	钢尺测量，每片栏杆不少于两处。全数检查	临空高度在 24m 以下时，栏杆高度不应低于 1.05m；临空高度在 24m 及 24m 以上（包括中高层住宅）时，栏杆高度不应低于 1.10m，不得有负偏差
	竖杆设置		净间距不应大于 0.11m，正偏差不大于 3mm，应有防止攀登措施

续表

检验项目	检验内容	检查方法及数量	检验标准
3. 栏杆安装	护栏玻璃	观察检查 3C 安全标识，游标卡尺测量	护栏玻璃的使用必须符合设计要求，并符合《建筑玻璃应用技术规程》JGJ 113—2015 的规定
4. 防水工程	屋面渗漏	雨后或淋水 2h 后，观察检查。全数检查	无渗漏
	卫生间等有防水要求的地面渗漏	蓄水 24h 后放水，最小蓄水深度不得小于 20mm，观察检查。全数检查	无渗漏、排水顺畅、无积水
	外墙渗漏	雨后或淋水 1h 后，观察检查。全数检查	墙面无渗漏、滴水线无爬水
5. 室内空间尺寸	室内净高（楼地面设泛水坡度的房间除外）	（1）室内净高，每个房间抽测 5 点（其中距墙、柱四角 300～500mm 处各测 1 点，中间测 1 点）；（2）室内净开间、净进深，每个房间各抽测 2 处（其中距墙、柱四角 300～500mm 处各测 1 处），无墙体则测柱间净距（距柱边处各测 1 处）。（3）使用激光测距仪进行检测。全数检查	最大负偏差不超过 20mm，极差不超过 20mm（偏差为实测值与推算值之差；极差为实测值中最大值与最小值之差
	室内净开间、净进深		极差不超过 20mm
6. 给水排水安装工程	管道渗漏	观察检查。全数检查	给水管管道、水嘴、阀门等无渗漏；排水管通水后无渗漏
	管道坡度	观察检查、尺量检查。全数检查	顺直，坡向、坡度正确
	地漏水封高度	试水观察检查、尺量检查。全数检查	地漏水封高度不得小于 50mm（或设置存水弯）
	阻火圈（防护套管）设置	观察检查。全数检查	高层建筑明设排水塑料管道是否按设计设置阻火圈（防护套管）
7. 电气安装工程	插座相位、接地	使用"漏电保护相位检测器"检查。全数检查	"漏电保护相位检测器"无接错显示
	电源控制回路编号及标识、漏电保护灵敏度	观察和开、关漏电保护器检查。全数检查	接线照明配电箱（盘）内接线整齐，回路编号齐全，标识正确，漏电保护灵敏
8. 其他	排水通气管、烟道设置及附件	观察检查。全数检查	止回阀、防火阀按规定安装；排水通气管、屋面烟道出屋面高度符合设计及规范要求

7. 参照表 4-5 和表 4-6 完成分户验收并形成检验记录

住宅工程质量分户检验记录 表 4-5

工程名称		××学院学生公寓	房（户）号		××××
建设单位		××学校	监理单位		××监理有限公司
施工单位		××建设有限公司	物业公司		××物业管理有限公司
序号	检验项目	检验内容	检验整改情况		检验结论
1	楼地面、墙面和顶棚	裂缝、空鼓、脱层、地面起砂、墙面爆灰	已整改		合格
2	门窗	窗台高度、渗漏、推拉窗防脱落措施、安全玻璃标识	已整改		合格
3	栏杆	栏杆高度、竖杆间距、防攀爬措施、栏杆玻璃	符合要求		合格
4	防水工程	屋面渗漏、卫生间等防水。地面渗漏、外墙渗漏	已整改		合格
5	室内空间尺寸	室内净高，净开间、净进深尺寸	符合要求		合格
6	给水排水安装工程	管道渗漏、坡向、地漏水封、阻火圈（防火套管）设置	符合要求		合格
7	电气安装工程	插座相位、接地、控制箱配置	符合要求		合格
8	其他	烟道等	符合要求		合格
检验结论		合格			
建设单位	监理单位		施工单位		物业公司
检验人员： 年 月 日	检验人员： 年 月 日		检验人员： 年 月 日		检验人员： 年 月 日

室内净高、净开间尺寸抽测表 表 4-6

房（户）号		××××							抽测时间		××××年×月××日		
房间编号	净高推算值（mm）	实测值（mm）									计算值（mm）		
											净高		净开间
		H	H_1	H_2	H_3	H_4	H_5	L_1	L_2	L_3	L_4	最大偏差	极差	极差
1	3200	3250	3255	3196	3221	3210	3055	5020	5032	3011			
2	3200	3150	3255	3198	3221	3220	3055	5010	5035	3016			

实测 2 房间，不合格 0 房间，需整改处理房间： 。

抽测人员：（建设单位）　　　　（监理单位）　　　　（施工单位）

室内净空尺寸测量示意图

套型示意图贴图区

注：偏差为实测值与推算值之差的绝对值；极差为实测值中最大值与最小值之差，抽测不合格点数据在表内用红笔圈出。

4.3.4 训练的评价标准

按时完成任务（30%），文本和记录正确（50%），内容的完整性（20%）。

4.3.5　课题工作任务的成果

10. 分户验收

任务的成果按上述参考格式编制与提交。

4.3.6　课题工作任务训练注意事项

在编制前，要先弄清分户验收和填写验收记录的次序和编制方法。其次提交课题工作任务训练成果，力求做到分户验收和验收记录填写精细化，尽最大努力有针对性地完成分户验收和验收记录填写。

任务 4.4　工程质量评估报告编制

4.4.1　课题工作任务的含义和用途

监理评估报告是项目监理机构按照合同履约对项目的监理职责并且按照法规、规范、验收标准要求对项目作出的一个合格认定文件。

4.4.2　课题工作任务的背景和要求

项目监理机构在验收重要的分项工程、分部（子分部）工程前可编制工程质量评估报告；单位（子单位）工程验收前，应编制工程质量评估报告；工程质量评估报告应经监理单位技术负责人审批同意。其主要包括：工程概况、专业工程简介（适用于分部分项工程质量评估报告）、编制依据、工程各参建单位、工程质量监理控制情况、工程质量验收情况、工程质量事故及其处理情况、质量控制资料核查情况、工程质量评估结论等内容。

我们在实际编制中，通常在工程质量验收情况中，对监理评估依据、监理质量控制等情况进行描述，以增强报告的合法性、合规性、科学性和逻辑完整性。

4.4.3　课题工作任务训练的步骤、格式和指导

（1）收集合同、图纸等相关资料，按照表4-7编写工程概况。

（2）根据合同、图纸验收内容，收集相关验收依据文件，学习引用《工程质量评估报告》（以下简称《评估报告》）的监理评估依据、方法，针对工程实际进行必要的调整。

（3）根据日常监理工作情况，学习引用《评估报告》的"项目监理工作实施情况"，针对工程实际，编写"监理规划、细则编制及落实情况""对施工现场质量管理体系检查情况""现场施工质量控制情况""工程变更情况""工程实体检测情况""分部、分项验收情况等"等。

（4）学习引用《评估报告》的样本，编写施工质量的监理评估意见。

××学院学生公寓竣工验收

工　程　质　量　评　估　报　告

编制人：_____　　日期：_____

审核人：_____　　日期：_____

××监理有限公司

目　　录

一、工程概况

工程概况见表4-7。

工程概况　　　　　　　　　　　　　　　　表4-7

项目名称	×× 学院学生公寓			
建设地点	×× 高教园区			
项目用途或功能	公建			
建设单位	×× 学校			
勘察	×× 勘察有限公司			
设计	×× 设计有限公司			
监理	×× 监理有限公司			
施工	×× 建筑有限公司（房建）			
	×× 电梯有限公司（电梯）			
	×× 智能有限公司（智能）			
投资规模	10780.67 万元		建设工期	755d
建筑规模	占地面积	14671.0m²	总高	12.2 ～ 54.35m
	总建筑面积	44793.36m²	地上层数	3 ～ 18 层
	地下室面积	8315.65m²	地下层数	1 层
施工及验收情况	本工程试桩时间为××××年××月××日，桩基工程于××××年××月××日完成，基础于××××年××月××日完成，主体于××××年××月××日结顶。××××年××月××日进行了基础、主体分部验收；××××年××月××日进行了预验收			
验收范围	竣工验收（图纸所含所有内容）			

二、评估依据

1. 规范

（1）《建筑工程施工质量验收统一标准》GB 50300—2013。

（2）《建筑地基基础工程施工质量验收标准》GB 50202—2018。

（3）《钢筋焊接及验收规程》JGJ 18—2012。

（4）《混凝土结构工程施工质量验收规范》GB 50204—2015。

（5）《砌体结构工程施工质量验收规范》GB 50203—2011。

（6）《建筑基桩检测技术规范》JGJ 106—2014。

（7）《建筑桩基技术规范》JGJ 94—2008。

（8）《混凝土强度检验评定标准》GB/T 50107—2010。

（9）《地下防水工程质量验收规范》GB 50208—2011。

（10）《屋面工程质量验收规范》GB 50207—2012。

（11）《建筑节能工程施工质量验收标准》GB 50411—2019。

（12）《建筑给水排水及采暖工程施工质量验收规范》GB 50242—2002。

（13）《建筑电气工程施工质量验收规范》GB 50303—2015。

（14）《智能建筑工程质量验收规范》GB 50339—2013。

（15）《电梯工程施工质量验收规范》GB 50310—2002。

2. 设计文件

（1）《××学院学生公寓施工图》。

（2）《××学院学生公寓地质勘察报告》。

（3）《××学院学生公寓工程图纸会审纪要》。

（4）《××学院学生公寓工程变更联系单》。

3. 施工单位的报审、检测资料、自评结论

（1）施工现场质量管理体系检查表及附件。

（2）质量控制资料。

（3）检验批、分部、分项工程验收记录。

（4）单位工程自检报告。

4. 实体工程检测试验情况

（1）桩基低应变动测报告。

（2）建设工程基桩静载试验检测报告。

（3）结构回弹实体检测报告。

（4）结构保护层实体检测报告。

（5）建筑物沉降观测记录。

三、评估方法

依据规范、设计文件、检测报告、在施工方自检合格的基础上，通过审核、审查施工质量体系方案、报告和质量控制资料，旁站、见证重要部位、施工取样送检及试验，并在对各检验批、分项、分部验收的基础上进行。

四、项目监理工作实施情况

1. 监理规划、细则编制及落实情况

（1）委托监理合同签订后，我公司根据工程的实际进展情况，及时组建项目监理机构，由总监理工程师于××××年××月××日主持编制并经审核通过了《监理规划》。

（2）在施工准备阶段，总监理工程师按照《监理规划》的要求，组织项目监理人员学习设计文件，参加图纸会审；在充分熟悉设计文件后，总监理工程师组织各相关专业监理工程师根据专业工程的实际特点编制了《安全监理细则》《旁站监理方案》《见证取样和送样计划》《测量放线监理细则》《桩基监理细则》《挖土支护监理细则》《保温节能监理细则》《防水工程监理细则》等共17份。

（3）在施工阶段，总监理工程师按照监理规划、细则组织监理人员实施对工程质量、进度、

投资的控制，合同、信息的管理以及安全的监督和组织协调。

2. 对施工现场质量管理体系检查情况

（1）总监理工程师在工程开工前对现场质量管理制度、质量责任制、主要专业工种应具备的操作上岗证书、施工图审查备案、地质勘察资料、施工组织设计及施工方案审批、施工技术标准、工程质量检验制度等现场质量管理体系进行检查，基本满足项目管理要求。于××××年××月××日开工。

（2）在完善自身质量保证体系的同时，对施工单位的资质、管理人员及特殊工种人员上岗证书、《施工组织设计》《安全防护措施方案》《施工电梯专项方案》《地下室基坑及土方开挖专项施工方案》《脚手架专项方案》等共计28份进行审查，均符合要求；对报审的施工用设备、机具进行审查，能满足施工要求。

3. 现场施工质量控制情况

（1）根据见证取样规定和强制性条文要求，监理部在施工过程中对地基与基础、主体实体检测、各类原材及试验进行见证，过程均符合要求，具体情况见表4-8。

见证取样规定   表4-8

材料/试验名称	见证部位	见证数量	结果
混凝土标准养护试块	桩基	474组	除C218号桩为不做评定外，其他全部达到设计强度要求，对于该桩进行了实体取芯试验，检测强度达到123.5%
混凝土标准养护试块	基础、主体	18组	全部达到设计强度
混凝土抗渗试块	屋面	1组	合格
钢筋原材	基础、主体	11组	合格
钢筋焊接	桩基	259组	合格
钢筋焊接	主体	31组	合格
砖、砌体	主体	3组	合格
蒸压加气混凝土砌块	主体内墙	10组	合格
陶粒混凝土小型空心砌块	主体外墙	9组	合格
砂浆试块	基础、主体	3组	全部达到设计强度
排气道	厨房及卫生间	2组	合格
腻子	内墙	1组	合格
腻子	外墙	1组	合格
干混抹灰砂浆	内外墙、顶棚等	4组	合格
玻化砖	公寓	2组	合格
釉面砖	屋面、卫生间	1组	合格
玻璃	门窗	4组	合格
耐候胶	门窗	1组	合格
胶条	门窗	1组	合格
五金配件	门窗	1组	合格
防火门	防火门	3组	合格
界面砂浆	保温工程	3组	合格

续表

材料／试验名称	见证部位	见证数量	结果
JL聚合物无机保温砂浆B型	保温工程	3组	合格
JL防水抗裂砂浆	保温工程	3组	合格
耐碱玻纤网格布	保温工程	3组	合格
陶粒	屋面	1组	合格
聚氨酯防水涂料	地下室顶板、屋面、厨卫间防水	2组	合格
湿铺法自粘高分子防水卷材	屋面防水	1组	合格
XPS挤塑式聚苯乙烯保温板	屋面保温层	1组	合格
泡沫玻璃保温板	屋面保温层	1组	合格
PVC-U绝缘阻燃电工套管	智能化系统	1组	合格
PVC-U绝缘阻燃电工套管	智能化系统	1组	合格
拉拔试验	主体	50根	合格
回弹	主体	33个	100%大于等于设计强度
钢筋保护层厚度	主体	44点	合格
取芯	桩基	1组	100%大于等于设计强度
静载	桩基	12根	达到设计要求
抗拔	桩基	4根	达到设计要求
动测	桩基	459根	满足要求

（2）监理部依据规范和××地区有关要求，对施工单位报审的原材料、半成品出厂合格证、试验报告进行审查，均符合要求。

1）原材料结果核查汇总表见表4-9。

原材料结果核查汇总表　　表4-9

材料名称	使用部位	份数	验收情况
钢筋	基础、主体	11	同意进场使用
电焊条	基础、主体	7	同意进场使用
混凝土	基础、主体	78	同意进场使用
砂浆	基础、主体	3	同意进场使用
砌体	基础、主体	5	同意进场使用
铝合金型材	门窗	1	同意进场使用
×××渗透型透明底涂	外墙涂料	1	同意进场使用
×××丙烯酸柔性中涂	外墙涂料	1	同意进场使用
×××质感专用弹性面涂	外墙涂料	1	同意进场使用
不锈钢管	楼梯扶手栏杆、护窗栏杆	8	同意进场使用
排水用硬聚氯乙烯芯发泡XPG-UPVC管材	给水排水	4	同意进场使用
镀锌涂塑管	给水排水	4	同意进场使用
给水涂塑复合钢管	给水排水	1	同意进场使用
镀锌钢管	给水排水	1	同意进场使用

续表

材料名称	使用部位	份数	验收情况
生活给水泵	给水排水	1	同意进场使用
排污泵	给水排水	3	同意进场使用
铜芯闸阀	给水排水	1	同意进场使用
橡胶瓣止回阀	给水排水	1	同意进场使用
涡轮蝶阀	给水排水	1	同意进场使用
圆钢	电气	2	同意进场使用
镀锌圆钢	电气	1	同意进场使用
镀锌扁钢	电气	3	同意进场使用
镀锌钢管	电气	2	同意进场使用
金属接线盒	电气	1	同意进场使用
PVC绝缘电工套管	电气	6	同意进场使用
等电位联结端子箱	电气	1	同意进场使用
铜芯聚氯乙烯耐火绝缘电缆	电气	1	同意进场使用
铜芯聚氯乙烯绝缘电缆	电气	2	同意进场使用
防火桥架	电气	6	同意进场使用
柴油发电机	电气	1	同意进场使用
母线槽	电气	1	同意进场使用
插座	电气	1	同意进场使用
开关	电气	1	同意进场使用
普通日光灯	电气	1	同意进场使用
挤包绝缘电力电缆	电气	20	同意进场使用
镀锌钢管	消水	1	同意进场使用
消火箱	消水	3	同意进场使用
消防专用镀锌钢管	消水	7	同意进场使用
无缝镀锌钢管	消水	1	同意进场使用
镀锌钢管	消水	1	同意进场使用
铜芯闸阀	消水	3	同意进场使用
蝶阀	消水	1	同意进场使用
洒水喷头	消水	1	同意进场使用
消防稳压泵	消水	1	同意进场使用
喷淋离心泵	消水	1	同意进场使用
消防离心泵	消水	1	同意进场使用
铜芯聚氯乙烯护套耐火软电缆	消电	1	同意进场使用
铜芯聚氯乙烯耐火绝缘电线	消电	1	同意进场使用
铜芯聚氯乙烯耐火绝缘胶型软电线	消电	4	同意进场使用
铜芯聚氯乙烯耐火绝缘电线	消电	1	同意进场使用
应急照明灯具	消电	2	同意进场使用

续表

材料名称	使用部位	份数	验收情况
应急标志灯具	消电	1	同意进场使用
普通用、机械咬合用热镀锌钢铁皮	通风	3	同意进场使用
离心式消防排烟风机	通风	1	同意进场使用
轴流式消防排烟风机	通风	2	同意进场使用
正压送风机	通风	1	同意进场使用
发电机房送风机	通风	1	同意进场使用
排风机	通风	3	同意进场使用
人防排风机	通风	1	同意进场使用
送风机	通风	3	同意进场使用
正压送风机	通风	4	同意进场使用
正压送风口	通风	2	同意进场使用
防火风口	通风	1	同意进场使用
电动阀	通风	3	同意进场使用
止回阀	通风	5	同意进场使用
插板阀	通风	7	同意进场使用
百叶风口	通风	14	同意进场使用
防火阀	通风	18	同意进场使用
客梯	电梯	14	同意进场
货梯	电梯	1	同意进场
金属桥架	智能化系统	5	同意进场使用
超五类4对UTP电缆	智能化系统	1	同意进场使用
普通聚氯乙烯护套软线	智能化系统	1	同意进场使用
同轴电缆	智能化系统	1	同意进场使用

2）混凝土强度评定结果核查表见表4-10。

混凝土强度评定结果核查表 表4-10

序号	部位	评定公式	强度评定结果
1	桩基C30 （$N=60$）	$S_{f_{cu}}=4.0$， $m_{f_{cu}}=38.8 \geqslant f_{cu,k}+0.95S_{f_{cu}}=33.8$ $f_{cu,min}=30.1 \geqslant 0.85f_{cu,k}=25.5$	合格
2	桩基C30 （$N=15$）	$S_{f_{cu}}=6.5$， $m_{f_{cu}}=43.8 \geqslant f_{cu,k}+0.95S_{f_{cu}}=36.8$ $f_{cu,min}=30.3 \geqslant 0.85f_{cu,k}=25.5$	合格
3	基础C30 （$N=6$）	$m_{f_{cu}}=40.6 \geqslant 1.15f_{cu,k}=34.5$ $f_{cu,min}=36.7 \geqslant 0.95f_{cu,k}=28.5$	合格
4	基础垫层C15 （$N=1$）	$m_{f_{cu}}=26.3 \geqslant 1.15f_{cu,k}=17.25$ $f_{cu,min}=26.3 \geqslant 0.95f_{cu,k}=14.25$	合格
5	主体C30 （$N=15$）	$S_{f_{cu}}=4.3$， $m_{f_{cu}}=38 \geqslant f_{cu,k}+0.95S_{f_{cu}}=34.9$ $f_{cu,min}=33.8 \geqslant 0.9f_{cu,k}=27$	合格

（3）依据旁站管理办法要求，由监理工程师制定了《旁站监理方案》，形成旁站记录，对钻孔灌注桩钢筋笼安装、桩混凝土浇筑、基础混凝土浇筑、土方回填、主体混凝土浇筑、防水施工等施工关键部位和重要施工工序实行旁站监理，形成旁站记录（546次），施工质量满足强制性条文、规范等要求。

（4）根据强制性条文和验收规范要求，对基坑土方开挖、回填、现浇结构的外观质量及尺寸偏差、钢筋隐蔽工程等进行检查，现场对测量放线复核（总计488次）、钢筋隐蔽工程验收（总计546次），对电梯设备进行开箱检验1次。总监理工程师定期对现场进行巡视检查，组织分部验收10次，分项验收106次，发现问题（包括质量、进度、安全）及时通知施工单位处理，并根据问题的严重程度采取签发现场检查验收记录或监理工程师通知单，以督促处理工作落实到位，现场施工过程中未发生重大安全质量问题。

（5）总监理工程师针对项目监理部的具体情况，制定了相关的管理制度，要求现场监理人员每天对各自分管的区域进行现场巡视检查，形成平行检验记录546份，并对巡视检查、审核和验收发现问题做出整改意见，并对整改情况进行复查。

4. 工程变更管理

在监理过程中，已收到工程变更单28份，各方均已认可确认。

5. 工程实体检测情况

（1）桩基低应变检验，对二号学生公寓80%桩（60根）进行了低应变检测，其中Ⅰ类桩449根，Ⅱ类桩10根，经设计院确认，满足要求。

（2）桩基单桩竖向抗压极限承载力。按照设计数量要求对本工程桩基进行了静载检测，具体见表4-11。经设计院确认，满足要求。

桩基单桩竖向抗压极限承载力结果汇总表　　　　　表4-11

桩号	设计承载力特征值	试验荷载	最大沉降量	最大回弹量	沉降残余量
D38号	1250kN	2500kN	10.54mm	5.74mm	4.8mm
D44号	1250kN	2500kN	11.46mm	5.56mm	5.90mm
E8号	1700kN	3400kN	13.06mm	6.00mm	7.06mm
D4号	1250kN	2500kN	12.73mm	5.92mm	6.81mm
C189号	3000kN	6000kN	10.16mm	5.33mm	4.83mm
C190号	3000kN	6000kN	9.01mm	4.43mm	4.58mm
B49号	2700kN	5400kN	11.11mm	5.87mm	5.24mm
C92号	3000kN	6000kN	11.99mm	6.60mm	5.39mm
B40号	2700kN	5400kN	9.36mm	5.23mm	4.13mm
B38号	2700kN	5400kN	6.86mm	3.66mm	3.20mm
B10号	2700kN	5400kN	6.16mm	4.74mm	1.42mm
C27号	3000kN	6000kN	4.97mm	2.85mm	2.12mm

（3）桩基单桩竖向抗拔极限承载力，按照设计数量要求对本工程桩基进行了静载检测。具体见表4-12。经设计院确认，满足要求。

桩基单桩竖向抗拔极限承载力结果汇总表　　　　　　　　表4-12

桩号	设计承载力特征值	试验荷载	最大上拔量	最大回弹量	上拔残余量
A46号	650kN	1300kN	11.31mm	6.06mm	5.25mm
B32号	800kN	1600kN	11.28mm	6.04mm	5.24mm
A24号	650kN	1300kN	10.34mm	5.29mm	5.05mm
B13号	800kN	1600kN	11.88mm	6.85mm	5.03mm

（4）混凝土实体强度回弹检测结果见表4-13。

混凝土实体强度回弹检测结果汇总表　　　　　　　　表4-13

楼号	混凝土设计等级	抽检构件个数	最小回弹强度	结论
2号学生公寓	C30	33个	33.1MPa	合格

（5）钢筋保护层厚度检测结果见表4-14。

钢筋保护层厚度检测结果汇总表　　　　　　　　表4-14

楼号	部位	抽检个数	合格个数	合格率
2号学生公寓	柱	12个	11个	91.7%
	梁	19个	18个	94.7%
	板	24个	22个	91.7%

（6）砌体植筋拉拔试验结果见表4-15。

砌体植筋拉拔试验结果汇总表　　　　　　　　表4-15

楼号	部位	检查数量	检测结论
2号学生公寓	一～六层	32个	均达到荷载检验合格值要求

（7）建筑物沉降观测：

2号学生公寓按设计埋设11个沉降观测点，观测时间为××××年××月××日～××××年××月××日，其中最大沉降量10mm，最小沉降量7mm，沉降均匀（表4-16）。

建筑物沉降观测结果汇总表　　　　　　　　表4-16

测点	1	2	3	4	5	6	7	8	9	10	11
累计沉降量（mm）	8	9	8	7	8	9	9	10	8	10	7

（8）建筑物标高、垂直度、全高测量：经复核建筑物±0.000、楼层标高偏差均在10mm内；建筑物垂直度偏差符合要求（$H/1000$且≤30）；全高最大偏差低于规范要求30mm，符合要求。

（9）绝缘电阻测试，均大于10MΩ。

（10）管道强度试压符合要求；通水、通球试验全部合格。

（11）卫生间、阳台、屋面蓄水试验无渗漏。

6. 分部、分项验收情况

分部、分项验收结果见表4-17。

分部、分项验收结果汇总表 表4-17

序号	分部工程名称	子分部工程数量	分项工程数量	验收情况
1	地基与基础	5	10	合格
2	主体结构	2	5	合格
3	建筑装饰装修	6	11	合格
4	建筑屋面	3	5	合格
5	建筑给水、排水及供暖	2	4	合格
6	建筑电气	4	29	合格
7	智能建筑	4	14	合格
8	通风与空调	2	12	合格
9	电梯	1	11	合格
10	建筑节能		5	合格

五、工程施工质量监理评估

依据《建筑工程施工质量验收统一标准》GB 50300—2013，对工程质量状况进行评估如下：

本工程所含的地基与基础，主体结构、建筑装饰装修、建筑屋面、建筑给水排水、建筑电气、智能建筑、电梯、通风与空调、建筑节能等10个分部29个子分部106个分项工程，各项质量控制资料基本齐全，观感质量一般，结构性能和功能检验符合要求，同意验收，监理部提出的部分尚需完善及预验提出的问题，要求施工方尽快完成。

4.4.4　课题工作任务训练的评价标准

按时完成任务（30%），文本和记录正确（50%），内容的完整性（20%）。

4.4.5　课题工作任务的成果

任务的成果按上述参考格式编制与提交。

4.4.6　课题工作任务训练注意事项

在编制前，要先弄清工程质量评估报告的编制次序和编制方法。其次提交课题工作任务训练成果，力求做到工程质量评估报告的精细化，尽最大努力有针对性地完成工程质量评估报告。

任务4.5　项目课题工作任务训练质量评价

4.5.1　课题工作任务训练质量自我评估与同学互评

自我评估与同学互评见表4-18。

课题工作任务训练质量自我评估与同学互评表　　　　表4-18

实训项目					
小组编号		场地		实训者	
序号	考核项目	分值	实训要求		自评/互评
1	按时完成任务	30	按时按要求完成课题工作任务实训		
2	文本和判断正确	50	成果符合要求、准确		
3	内容完整性	20	记录规范、完整		
实训知识点总结与学习反思：					
小组其他成员评价得分：					
组长评价得分：				评价时间：	

4.5.2　课题工作任务训练质量教师评价

教师评价见表4-19。

课题工作任务训练质量教师评价表 表 4-19

实训项目					
小组编号		场地		实训者	
序号	考核项目	分值	实训要求		教师评定
1	按时完成任务	30	按时按要求完成课题工作任务实训		
2	文本和判断正确	50	实训成果符合要求、准确		
3	内容完整性	20	记录规范、完整		

完成课题工作任务存在的问题：

指导教师： 评价时间：

项目 5　施工安全检查

学习目标

（1）掌握安全检查内容和方法。
（2）会填写安全管理检查与安全检查与验收记录表。
（3）能编写安全检查报告。
（4）能在学习中获得安全管理检查与安全检查的过程性（隐性）知识，同时培养生命至上，安全发展的基本理念和意识，精准实施安全检查的能力与行为谨慎的职业习惯。

任务 5.1　安全管理检查

5.1.1　课题工作任务的含义和用途

项目监理机构对施工单位项目部安全生产管理体系、制度、安全教育、安全活动等的实施情况进行检查即为安全管理检查。

5.1.2　课题工作任务的背景和要求

施工现场安全管理的内容，可归纳为安全组织管理、场地与设施管理、行为控制和安全技术管理四个方面，分别对生产中的人、物、环境的行为与状态，进行具体的管理与控制。监理单位应依照法律、法规、工程建设强制性标准和监理合同对施工单位的安全管理实施情况进行检查。

安全管理的重要工作之一就是做好安全检查，是对施工安全进行过程控制和保证安全生产的重要手段，通过检查可及时发现不安全状态，制止不安全行为，消除起因物和致害物，实现施工安全的目的。

5.1.3　课题工作任务训练的步骤、格式和指导

（1）根据某省《建设工程施工现场安全管理台账》了解安全管理相关内容及用表。
（2）对照《施工现场安全管理检查记录》收集表格中相关内容。
（3）学习表格中相关内容在实际工程中的应用。
（4）定期对表格中安全教育、交底、安全活动等进行检查，实时更新相关内容。
（5）按《施工现场安全管理检查记录》格式（表 5-1），填写并收集相关附件资料。

施工现场安全管理检查记录 　　　　表 5-1

工程名称	××学院学生公寓		施工许可证号		—	
开工日期	××	建筑面积		××	结构类型	××
施工单位	××	企业安全负责人		××	企业技术负责人	××
项目经理	××	项目技术负责人		××	专职安全员	××

序号	项目	主要内容 按照某省《建设工程施工现场安全管理台账》收集登记，至××××年××月××日， □齐全；☑不齐全		
1	工程基本情况	项目安全监督登记表☑	项目基本情况表☑	证书清单☑
		危险性较大分部分项工程清单☑	危险源识别与风险评价表☑	重大危险源动态管理控制表☑
		施工现场管理人员及资格证书登记表☑	施工现场特种作业人员及操作资格证书登记表☑	施工现场主要机械设备一览表☑
		施工现场总平面图布置图☑	施工现场安全标志（含消防标志）平面布置图☑	施工现场安全防护用具一览表☑
		施工现场安全生产文明施工措施费用预算表☑	施工现场安全生产文明施工措施费用投入统计表☒	
2	安全规章制度	建设工程安全生产法律、法规、规章和规范性文件清单☑	建设工程安全生产技术标准、规范清单☑	建筑施工企业安全生产规章制度清单☑
		建设工程项目部安全管理机构网络☑	建设工程项目部安全生产责任制☑	建设工程项目部各级安全生产责任书☑
		建设工程项目安全生产事故应急救援预案☑	工程建设安全事故快报表☑	
3	安全教育与交底	施工现场建筑工人三级教育登记表☑	建筑工人三级安全教育登记卡☑	项目管理人员年度安全培训登记表☑
		安全技术交底记录汇总表☑	安全技术交底记录表☑	工人学位有关资料☑
4	安全活动	工地安全日志☑	班组安全活动记录表☒	企业负责人施工现场带班检查记录☒
		项目负责人施工现场带班检查记录☑	各类安全专项活动实施情况检查记录表☒	
5	安全专项方案	文明施工专项方案☑	临时设施专项施工方案☑	消防安全管理方案及应急预案☑
		基坑支护设计方案☒	基坑安全专项施工方案及专家论证报告☑	基坑监测方案和监测报告☑
		模板支架工程安全专项施工方案及专家论证报告☑	脚手架工程安全专项施工方案及专家论证报告☑	高处作业吊篮安装拆卸方案☑
		建筑起重机械安装拆卸专项施工方案☑	建筑起重机械安全事故应急救援预案☑	起重吊装工程安全专项施工方案☑
		施工用电专项施工方案☑	桩基工程安全生产文明施工措施☑	

检查结论：
　　上述不完整资料要求××××年××月××日前完善并复查

　　　　　　　　　　　　　　　　　　总监理工程师：
　　　　　　　　　　　　　　　　　　（建设单位项目负责人）　　　年　　月　　日

5.1.4 课题工作任务训练的评价标准

按时完成任务（30%），文本和记录正确（50%），内容的完整性（20%）。

5.1.5 课题工作任务的成果

11. 施工现场安全管理检查记录

任务的成果按上述参考格式编制与提交。

5.1.6 课题工作任务训练注意事项

在编制前，要先弄清施工现场安全管理检查记录的编制次序和编制方法。其次提交课题工作任务训练成果，力求做到施工现场安全管理检查记录的精细化，尽最大努力有针对性地完成施工现场安全管理检查记录。

任务 5.2 　　安全设施检查

5.2.1 课题工作任务的含义和用途

安全设施指施工企业（单位）在生产经营活动中，将危险、有害因素控制在安全范围内以及减少、预防和消除危害所配备的装置（设备）和采取的措施。项目监理机构应对施工单位安全设施的设置情况进行检查。

5.2.2 课题工作任务的背景和要求

项目监理机构应定期、不定期地对安全设施的质量证明文件进行检查，主要核查其出厂合格、复检报告等的有效性。

安全防护（高处、基坑）设施验收：

1）除"三宝"外，施工中应对"四口五临边"——楼梯口、电梯（管道）井口、预留洞口、通道口及基坑、阳台、楼、屋面、卸料平台临边及攀登和悬空作业及时加设防护。防护设施应按规定的要求搭设并进行日常维护。如发生交叉施工必须拆除部分防护设施时应经项目安全员同意并采取其他安全措施，交叉施工完成后必须进行二次防护。任何人不得随意拆除防护设施。

2）专业分包单位应对分包工程范围内的安全防护设施负责、总包单位履行检查监督责任。

3）现场提倡防护设施采用定型化、工具化产品制作，达到安全有效、拆卸灵活、可重复使用的效能。

4）防护设施搭设后项目施工负责人应及时组织项目施工员、安全员及有关专业人员进行验收，一般情况下每一楼层不少于一次验收。项目监理人员应监督项目部验收情况并提出验收意见，对"不符合"的内容应当提出验收意见。参加验收的人员应按表 5-2 进行验收。对不符合要求的项目部应落实人员及时进行整改。

5）施工安全是施工现场安全管理的重点，为了加强对基坑（槽）施工安全的控制，应在基坑施工过程中分阶段及时对基坑支护作业、临边防护、坑边荷载等进行安全检查和验收。检查或验收由项目负责人或项目技术负责人组织项目安全员、有关专业人员（专业单位技术负责人）参加，项目监理工程师应当参加。验收中发现不符合规范、标准或施工方案要求的应及时提出处理意见，发现不安全状态应立即进行整改。整改完成后方可进入下一道工序。检查与验收应做好记录。

6）结构施工所使用的原材料及半成品应按有关施工安全质量验收规范、标准进行检测和验收，检测和验收记录应存档。

7）安全专项施工方案、专家论证报告及《安全专项施工方案（安全技术措施）审批表》、有关检查记录一并列入安全台账。

5.2.3 课题工作任务训练的步骤、格式和指导

（1）根据某省《建设工程施工现场安全管理台账》了解安全设施相关内容。

（2）对照《施工现场安全设施检查记录表》收集表格中相关内容。

（3）学习表格中相关内容在实际工程中的应用。

（4）定期对表格中安全设施质量证明文件的有效性进行检查，实时更新新增的安全设施资料。

（5）对照成果样本（表 5-2 和表 5-3）填写安全设施检查表并收集相关附件资料。

高处作业防护设施安全检查表

表 5-2

施工单位：××建设有限公司   工程名称：××学校学生公寓

序号	验收项目	技术要求	验收结果
1	安全帽	应符合《头部防护 安全帽》GB 2811—2019 规定，进场使用前必须经检测合格，不得使用缺衬、缺带及破损的安全帽，在使用期内使用	符合要求
2	安全网	必须有产品生产许可证和产品合格证，产品应符合《安全网》GB 5725—2009 规定，进场使用前必须经检测合格	符合要求
3	安全带	必须有产品生产许可证和质量合格证，产品应符合《坠落防护 安全带》GB 6095—2021 规定，进场使用前必须经检测合格。安全带外观无异常，各种部件齐全，在使用期内使用	符合要求
4	楼梯口电梯井口	楼梯口和梯段边应在 1.2m、0.6m 高处及底部设置三道防护栏杆、杆件内侧挂密目式安全网。顶层楼梯口应有防护设施。安全防护门高度不得低于 1.8m，并设置 180mm 高踢脚板。电梯井内每层设置硬隔离措施。防护设施应定型化、工具化，牢固可靠	符合要求
5	预留洞口坑井防护	楼板面等处短边长为 250～500mm 的水平洞口、安装预制构件时的洞口以及缺件临时形成的洞口，应设置盖件，四周搁置均衡，并有固定措施；短边长为 500～1500mm 的水平洞口，应设置网格式盖件，四周搁置均衡，并有固定措施，上满铺木板或脚手片；短边长大于 1500mm 的水平洞口，洞口四周应增设防护栏杆。各种预留洞口防护设施应严密、稳固	符合要求
6	通道口防护	防护棚宽度、长度符合规定，各通道应搭设双层防护棚，采用脚手片时，层间距为 600mm，铺设方向应相互垂直，防护棚应按建筑物坠落半径搭设，各类防护棚应有单独的支撑系统，不得悬挑在外架上	符合要求
7	临边防护	临边防护应在 1.2m、0.6m 高处及底部设置三道防护栏杆，杆件内侧挂密目式安全立网。横杆长度大于 2m 时，必须加设栏杆柱。坡度大于 1∶2.2 的斜面（屋面），防护栏杆的高度应为 1.5m。双笼施工升降机卸料平台与门之间空隙处应封闭。吊笼门与卸料平台边缘的水平距离不应大于 50mm。吊笼门与层门间的水平距离不应大于 200mm	符合要求

序号	验收项目	技术要求	验收结果
8	攀登作业	梯脚底部应坚实，不得垫高使用；折梯使用时上部夹角宜为35°～45°，并应设有可靠的拉撑装置，梯子材质和制作质量应符合规范要求	符合要求
9	悬空作业	悬空作业处应设置防护栏杆或其他可靠的安全措施。悬空作业所有的索具、吊具等应经验收，悬空作业人员应系挂安全带或佩戴工具袋	符合要求
10	移动式操作平台	操作平台未按规定进行设计计算。移动式操作平台，轮子与平台应连接牢固、可靠，立柱底端距离地面不得大于80mm。操作平台应按设计和规范要求组装，平台台面铺板严密。操作平台四周应按规定设置防护栏杆，并设置登高扶梯，操作平台的材质应符合规范要求	符合要求
11	悬挑式物料平台	悬挑式物料平台的制作、安装应编制专项施工方案，并应进行计算。悬挑式物料平台的下部支撑系统或上部拉结点，应设置在建筑结构上；斜拉杆或钢丝绳应按规范要求在平台两侧设置前后两道；钢平台两侧必须安装固定的防护栏杆，并应在平台明显处设置荷载限定标牌；钢平台台面、钢平台与建筑结构间铺板应严密、牢固	符合要求
验收结论		验收人员	项目技术负责人： 项目施工员： 项目专职安全员： 监理工程师： 有关人员 验收日期：

施工现场安全设施检查记录   表 5-3

工程名称	××学院学生公寓		施工许可证号		—	
开工日期	××	建筑面积	××	结构类型	××	
施工单位	××	企业安全负责人	××	企业技术负责人	××	
项目经理	××	项目技术负责人	××	专职安全员	××	
序号	项目	主要内容 按照某省《建设工程施工现场安全管理台账》收集登记，至××××年××月××日， □ 齐全；☑ 不齐全				
1	安全设备实施质量证明文件	"三宝"质量证明文件清单☑	钢管、扣件等材料质量证明清单☑		脚手架等所用原材料及有关设备部件的质量证明文件☒	
2	施工机械检验资料	起重机械☑	打桩机械☑		吊装机械☑	
		施工机具☑	—		—	
3	许可证	三级动火许可证☒	—		—	

检查结论：
　　上述不完整资料要求××××年××月××日前完善并复查

　　　　　　　　　　　　　　　　　总监理工程师：
　　　　　　　　　　　　　　　　　（建设单位项目负责人）　　　　年　　月　　日

5.2.4 课题工作任务训练的评价标准

按时完成任务（30%），文本和记录正确（50%），内容的完整性（20%）。

5.2.5 课题工作任务的成果

12.高处作业防护设施安全验收表　　13.施工现场安全设施检查记录

任务的成果按上述参考格式编制与提交。

5.2.6 课题工作任务训练注意事项

在编制前，要先弄清安全设施检查表的编制次序和编制方法。其次提交课题工作任务训练成果，力求做到安全设施检查表的精细化，尽最大努力有针对性地完成安全设施检查表。

任务 5.3　安全验收

5.3.1 课题工作任务的含义和用途

针对脚手架、支模架、施工机械、临时用电等危险性较大的工程，在使用前，应先进行验收后投入使用。

5.3.2 课题工作任务的背景和要求

（1）脚手架

钢管扣件式脚手架安全技术综合验收：

1）钢管扣件脚手架工程施工过程中应严格按《建筑施工扣件式钢管脚手架安全技术规范》JGJ 130—2011、地方建筑施工安全标准化管理规定等有关规范和规定，并对照脚手架安全专项施工方案进行验收。对搭设高度≥50m的落地式脚手架验收时应查验专家论证报告。

2）脚手架必须进行内外侧防护，外侧防护必须使用合格的密目式安全网封闭。在脚手架使用期间，严禁施工荷载超载，不得将模板支架、缆风绳、泵送混凝土管固定在脚手架上，施工电缆不得直接绑在脚手架上，严禁悬挂起重设备。严禁在施工期间拆除连墙件、主节点处纵向水平杆、扫地杆。

3）脚手架搭设一定部位后，应组织验收，办理验收手续。验收表中应写明验收部位，内容应量化，验收人员履行签收手续。验收不合格的，应在整改完毕后重新组织验收。验收合格并挂合格牌后方可使用。

4）脚手架工程在下列阶段应进行检查验收：基础完工后及脚手架搭设前、作业层上施加荷载前、搭设完6～8m高度后、达到设计高度后、遇有6级及以上大风或大雨后、冻结地区解冻后、停用超过一个月。

5）脚手架安全技术综合验收由项目技术负责人组织施工员、安全员、作业班组负责人及有关人员参加。项目监理工程师应当参加验收。验收后签署验收意见，并加盖验收组织单位公章。

6）脚手架工程发包给专业单位搭设时，其单位应具有相应的资质证书、安全生产许可证，总分包之间应签订安全生产责任书等。验收时应由其单位技术负责人参加。

7）脚手架应参照表5-4内容逐项进行并作出记录。在使用过程中应进行定期检查，一般每月不少于一次。

（2）模板

1）模板支架验收记录

① 根据地方模板支架技术规程的要求，对扣件式钢管模板支撑系统，每层（座）支模架搭设完成后必须及时验收，验收时应对检查现场实际搭设情况与施工方案的符合性等。

② 模板支架验收应按表5-5内容逐项进行并作出记录。对安装后扣件螺栓拧紧扭力矩应采用扭力扳手检查，高大模板支架梁底水平杆与立杆连接扣件螺栓拧紧扭力矩应全数检查；验收后应对验收结果做出结论；对验收中发现不符合要求的必须责令返工整改；未经验收或验收不合格者不得进入下道工序或浇筑混凝土。

③ 扣件式钢管模板支撑系统的验收由工程项目部组织，项目负责人或项目技术负责人、安全员、作业班组负责人及相关人员应参加验收，监理工程师也应当参加验收；对专家论证的高大支模架工程，施工企业相关部门的人员应参加验收；参加验收的人员应签字。

2）模板支架工程安全技术综合验收

① 为了加强对模板工程施工安全管理，除了对模板支架工程进行验收外，尚应对模板工程在搭设完成后进行综合验收。验收时应按表5-6所列项目验收，依据专项施工方案和有关规范、标准进行，表内所列的技术要求是一般情况下的最低要求，当与专项施工方案和有关规范、标准不一致时，应以专项施工方案和有关规范、标准为准。

② 模板工程验收时，应先检查模板支架工程专项施工方案的编审手续是否齐全，超过一定规模危险性较大的模板支架工程是否按规定进行专家论证。方案实施前是否进行了分部分项工程安全技术交底以及搭设使用的承重杆件、连接件等材料的产品合格证、生产许可证、检验报告等证件是否齐全。

③ 模板工程的验收应按施工部位分层分段验收。

④ 模板工程安全技术综合验收由工程项目部组织，由项目负责人组织项目技术、安全、质量管理及有关人员进行验收。监理单位的专业监理工程师应当参加验收，超过一定规模的模板支架工程，施工企业的相关部门也应参加验收。验收后应签署意见，并加盖验收组织单位公章。对不符合要求的应提出整改处理意见，项目部应落实人员整改。

⑤ 模板拆除应建立审批制度，拆模前应查阅混凝土强度试验报告并履行审批手续。

（3）施工机械

1）高处作业吊篮安全技术综合验收

① 高处作业吊篮安装后应严格按《建筑施工工具式脚手架安全技术规范》JGJ 202—2010、地方建筑施工安全标准化管理规定等有关规范和标准，并对照吊篮安全专项施工方案进行验收。验收时应检查吊篮合格证明、检测报告、租赁单位的有关证明等。当吊篮用于超过一定规模危

险性较大的分部分项工程时，验收时应查验专家论证报告。

② 高处作业吊篮安装后必须进行检测，检测后应组织专门验收，验收由总包单位（或使用单位）组织，租赁单位、安装单位、监理单位参加验收。验收后应签署验收结论并加盖参加验收单位责任主体公章。其中如验收不符合要求的，项目技术负责人应另签发整改记录。未经验收或验收不符合要求的不得使用。

③ 高处作业吊篮由专业单位安装时，其安装单位应具有相应的资质证书、安全生产许可证，总分包之间签订安全生产责任书等（其复印件附于安全台账内）。安装单位安装完成后应先进行自检。

④ 吊篮在同一施工现场移位后重新安装的，应重新进行验收。吊篮在每天使用前作业人员应进行检查，安装单位应定期进行检查维护和保养。

⑤ 吊篮验收应按表 5-7 进行验收。

2）塔式起重机安装验收

① 塔式起重机安装完成后、验收前应委托具有相应资质的检验检测机构对设备进行检测，并出具检验报告。

② 塔式起重机经检验合格后并在使用前，使用单位应组织有关人员根据相关技术规程、安（拆）专项施工方案、《塔式起重机安装验收表》的验收项目逐项验收，验收时该量化的应有量化数据。

③ 总承包单位、使用单位、安装单位、监理单位的项目负责人和出租单位负责人必须参加验收并签名，使用单位项目负责人、安全员及安装单位技术负责人等应当参加验收。验收后必须明确填写结论意见，并加盖验收单位章。

④ 塔式起重机在使用过程中需要附着的，使用单位应当委托原安装单位或者具有相应资质的安装单位按照专项施工方案实施，并另组织验收。未经验收或验收不合格的不得使用。

⑤ 塔式起重机安装验收应按表 5-8 进行验收。

⑥ 塔式起重机顶升加节验收：

塔式起重机在使用过程中需要顶升加节的，使用单位应当委托原安装单位或者具有相应资质的安装单位按照专项施工方案实施。

顶升加节完成后，使用单位应组织有关人员按表 5-9 进行验收。安装单位、使用单位、监理单位参加验收人员必须签名，并加盖单位章。

⑦ 建筑起重机械基础验收

塔式起重机和施工升降机安装前，应由施工总承包单位组织安装单位、使用单位和监理单位，共同进行基础验收并填写表 5-10。验收中对不符合要求的项目应在备注栏具体说明，对要求量化的参数应填实测值。验收后必须明确填写结论意见，并加盖总承包单位项目部章。

⑧ 塔式起重机每月应按照表 5-11 进行定期检查。

3）施工升降机安装验收

① 施工升降机安装完成后、验收前应委托相应资质的检验检测机构对设备进行检测，并出具检验报告。施工升降机（人货两用电梯）防坠安全器应每年由具有相应资质检测单位检测标定，合格后才能使用，并有检测报告。

② 施工升降机经检测合格后并在使用前，应组织有关人员根据相关技术规程、安（拆）专项方案、表 5-12 中的验收项目逐项验收，验收时该量化的应有量化数据。

③ 总承包单位、安装单位、使用单位、监理单位的项目负责人和租赁单位负责人必须参加验收并签名，总承包单位项目技术负责人、安全安装技术负责人等亦应参加验收。验收后必须明确填写结论意见，并加盖总承包单位项目章。

④ 施工升降机在使用过程中需要附着的，使用单位应当委托原安装单位或者具有相应资质的安装单位按照专项施工方案实施，并另组织验收。未经验收或验收不合格不得使用。

⑤ 施工升降机每月应按照表5-13进行定期检查。

4）物料提升机安装验收

① 物料提升机安装前，应由施工总承包单位组织安装单位、使用单位和监理单位，共同进行基础验收并填写表5-14。验收中对不符合要求的项目应在备注栏具体说明，对要求量化的参数应填实测值。验收后必须明确填写结论意见，并加盖总承包单位项目部章。

② 物料提升机安装完成后、验收前应委托相应资质的检验检测机构监督检验合格，并出具检验报告。物料提升机防坠安全器应每年由具有相应资质的检测单位检测标定，合格后才能使用，并出具检测报告。

③ 物料提升机经检测合格后并在使用前，应组织有关人员根据相关技术规程，按表5-15进行逐项验收，验收时该量化的应有量化数据。

④ 安装单位、使用单位、监理单位的项目负责人和出租单位负责人必须参加验收并签名，项目技术负责人、安全员、安装技术负责人等应当参加验收。验收后必须明确填写结论意见。

⑤ 物料提升机在使用过程中需要加节和附着的，使用单位应当委托原安装单位或者具有相应资质的安装单位按照专项施工方案实施，并另组织验收。未经验收或验收不合格的不得使用。

⑥ 物料提升机每月应按照表5-16进行定期检查。

（4）临时用电

1）施工临时用电验收时应查验电器材料和设备合格证明、检测报告等。

2）施工临时用电验收应随施工进度和施工平面布置的变化分段进行，在临时设施完成后、工程开工前应组织首次验收，验收内容参照表5-17。施工中用电线路和设备发生较大变化的应重新进行验收。未经验收不得动用施工临时用电。

3）临时用电安全技术综合验收由总承包项目部组织，项目负责人、项目技术负责人、专责安全员、安装电工、专业监理工程师应当参加验收并加盖施工项目部章。大型临时施工用电验收应由电气专业工程师参加。验收中发现不符合要求的，项目技术负责人应另签发整改记录，并进行复验。

5.3.3 课题工作任务训练的步骤、格式和指导

1. 查找脚手架、模板、施工机械、安全防护、临时用电等验收表格。

2. 理解表格中各检验内容的检查方法、数量、检验标准。

3. 按照表5-4～表5-17在实训车间（或施工现场实地）进行验收并形成记录。提交安全验收任务的成果样本。

钢管扣件式脚手架安全技术综合验收表　　　　　　　　　　表 5-4

工程名称：　××学院学生公寓　　　　　　　　　　　　　　　　　　　　验收部位：　5层外架

序号	验收项目	技术要求	验收结果
1	施工方案	扣件式钢管脚手架专项方案编制、审核、审批手续齐全，50m以上的扣件式钢管脚手架应按规定进行专家论证。方案实施前必须进行安全技术交底	符合要求
2	立杆基础	基础平整夯实、混凝土硬化，落地立杆应垂直稳放在金属底座或坚固底板上。设纵横向扫地杆，外侧设置截面不小于20cm×20cm的排水沟，并在外侧80cm宽范围内采用混凝土硬化。架体应在距立杆底端高度不大于20cm处设置纵、横向扫地杆	符合要求
3	架体与建筑结构拉结	24m以下双排脚手架与建筑物宜采用刚性拉结，24m以上双排脚手架与建筑物必须采用刚性连墙件按水平方向不大于3跨，垂直方向不大于3步设一拉结点，转角1m内和顶部80cm内应加密。连墙件应从底层第一步纵向水平杆处开始设置，当该处设置有困难时，应采用其他可靠固定措施	符合要求
4	立杆间距与剪刀撑	钢管脚手架底部（排）高度不大于2m，其余不大于1.8m，立杆纵距不大于1.8m，横距不大于1.5m。如搭设高度超过25m须采用双立杆或缩小间距。双排钢管脚手架中间宜每隔6跨设置一道横向斜撑，一字形、开口形双排脚手架的两端均应设置横向斜撑。剪刀撑应从底部边角从下到上连续设置，角度在45°～60°间，剪刀撑宽度不应小于4跨，且不小于6m。剪刀撑搭接长度不小于1m，且不小于三只旋转扣件	符合要求
5	脚手板与防护栏杆	脚手片应每步铺满；脚手片应垂直墙面横向铺设，用18号铅丝双股并连4点绑扎；脚手架外侧应用合格密目网全封闭，用18号铅丝固定在外立杆内侧；脚手架从第二步起须在1.2m和0.6m高设同质材料的防护栏杆各一道和18cm高踢脚板（杆），脚手架内侧形成临边的应设防护栏杆，脚手架外立杆高于檐口1.2～1.5m	符合要求
6	杆件连接	立杆必须采用对接（顶层顶排立杆可以搭接），大横杆可以对接或搭接，剪刀撑和其他杆件采用搭接，搭接长度不小于100cm，并不少于3只扣件紧固；相邻杆件的接头必须错开，同一平面上的接头不得超过总数的50%，小横杆两端伸出立杆净长度不小于10cm	符合要求
7	架体内层间防护	当内立杆距墙大于20cm时应铺设站人片，施工层及以下每隔3步与建筑物之间应进行水平封闭隔离，首层及顶层应设置水平封闭隔离	符合要求
8	构配件材质	钢管选用外径48.3mm，壁厚3.6mm的Q235钢管，无锈蚀、裂纹、弯曲变形，扣件应符合标准要求，并按要求进行检测	符合要求
9	通道	脚手架外侧应设之字形斜道，坡度不大于1:3，宽度不小于1m，转角处平台面积不小于3m²，立杆应单独设置，不能借用脚手架外立杆，并应在垂直方向和水平方向每隔一步或一个纵距设一连接。并在1.2m和0.6m高分别设防护栏杆各一道和18cm高踢脚板（杆），外侧应设置剪刀撑，并用合格的密目式安全网封闭，脚手架应横向铺设，并每隔30cm设一道防滑条	符合要求
10	门洞	脚手架门洞宜采用上升斜杆，平行桁架下的两侧立杆应为双立杆，副立杆高度应高于门洞1～2步；门洞桁架中伸出上下弦杆的杆件端头，均应设一防滑扣件	符合要求

验收结论		验收人员	项目负责人： 项目技术负责人： 项目专职安全员： 架子搭设班组负责人： 架子搭设单位安全管理人员： 监理工程师： 验收日期：

模板支架验收记录表　　　　　　　　　　　　　　　　　　表 5-5

项目名称		×× 学院学生公寓					
搭设部位	四层支模架	高度	3m	跨度	5m	最大荷载	10kN
搭设班组		××			班组长		××
操作人员 持证人数		9			证书符合性		9
专项方案编审 程序符合性	符合	技术交底情况		已交底	安全交底情况		已交底

钢管 扣件	进场前质量验收情况	符合要求					
	材质、规格与方案的符合性	符合要求					
	使用前质量检查情况	符合要求					
	外观质量检查情况	符合要求					

检查内容		允许偏差	方案要求	实际质量情况（mm）						符合性
立杆 间距	梁底	＋30mm	—	30	23	23	24	24	30	
	板底	＋30mm	—	22	13	24	24	25	45	
步距		＋50mm	—	50	45	44	50	44	42	
立杆垂直度		≤ 0.75% 且 不大于 60mm	—	20	23	45	44	34	55	
扣件拧紧		40～65N·m	—	45	46	45	50	46	42	
立杆基础		—		符合要求						
扫地杆设置				符合要求						
连墙件设置				符合要求						
立杆搭接方式				符合要求						
纵、横向水平杆设置				符合要求						
剪刀撑	垂直纵横向水平			符合要求						
	水平（高度＞4m）			符合要求						
其他										

施工单位 检查结论	结论： 检查日期：　　年　　月　　日 检查人员：　　　　　　项目技术负责人：　　　　　　项目负责人：
监理单位 验收结论	结论： 检查日期：　　年　　月　　日 专业监理工程师：　　　　　　总监理工程师：

模板支架工程安全技术综合验收表　表 5-6

工程名称：　×× 学院学生公寓　　　　　　　　　　　　　　　　　　　　验收部位：　四层支模架

序号	验收项目	技术要求	验收结果
1	专项方案	模板支架工程专项施工方案编制、审核、审批手续齐全，超过一定规模危险性较大的模板支架工程应按规定进行专家论证。方案实施前必须进行安全技术交底	符合要求
2	支架基础	基础坚实、平整、承载力符合方案要求，支架底部垫板符合规范要求，底部设纵横向扫地杆，有排水措施	符合要求
3	支架构造	立杆纵横间距不应大于 1.2m，模板支架步距不应大于 1.8m，水平杆连续设置；模板支架四周应满布竖向剪刀撑，中间每隔四排立杆设置一道纵、横向剪刀撑，由底至顶连续设置；模板支架四边与中间每隔 4 排立杆。从顶层开始向下每隔 2 步设一道剪刀撑	符合要求
4	支架稳定	支架高宽比不宜大于 3，当高宽比大于 3 时，应设置缆风绳或连墙件；立杆伸出顶层水平杆中心线至支撑点的长度应符合规范要求；浇筑混凝土时应对架体基础沉降、架体变形进行监控，基础沉降、架体变形应在规定允许范围内	符合要求
5	施工荷载	施工均布荷载、集中荷载应在设计允许范围内；当浇筑混凝土时，混凝土堆积高度应符合规定	符合要求
6	杆件连接	立杆应采用对接、套接或承插式连接方式，水平杆的连接应符合规范要求；当剪刀撑斜杆采用搭接时，搭接长度不应小于 1m	符合要求
7	底座与托撑	可调底座、托撑螺杆直径应与立杆内径匹配，配合间隙应符合规范要求；螺杆旋入螺母内长度不应小于 5 倍的螺距。可调托撑符合规范要求	符合要求
8	支架材质	钢管应选用外径 48.3mm，壁厚 3.6mm 的 Q235 钢管，无锈蚀、裂纹、弯曲变形，扣件应符合标准要求，并按要求进行检测	符合要求
9	支拆模板	支撑模板时，2m 以上高处作业必须有可靠的立足点，并有相应的安全防护措施；拆除模板应经批准，拆模时应设置警戒区、设专人监护，不得留有未拆除的悬空模板	符合要求
10	模板存放	各种模板堆放整齐、安全，高度不超过 2m，大模板存放要有防倾斜措施。脚手架或操作平台上临时堆放的模板不宜超过 3 层	符合要求
11	混凝土强度	模板拆除前必须有混凝土强度报告，强度达到设计要求后方可办理拆模审批手续	符合要求
12	运输道路	在模板上运输混凝土必须有专用运输通道，运输道路应平整、牢固	符合要求
13	作业环境	模板作业面的预留孔洞和临边应进行安全防护，垂直作业应采取上下隔离措施	符合要求
验收结论		验收人员	项目负责人： 项目技术负责人： 项目专职安全员： 监理工程师 验收日期：

高处作业吊篮安全技术综合验收表　　　　　　　　　　　　　　　　表 5-7

工程名称：　＊＊学院学生公寓　　　　　　　　　　　　　　　　　验收部位：　1 号吊篮

序号	验收项目	技术要求	验收结果
1	施工方案	高处作业吊篮专项施工方案的编制、审核、审批手续齐全。吊篮支架支撑处的结构承载力应经过验算。方案实施前必须进行安全技术交底	符合要求
2	安全装置	吊篮应安装防坠安全锁，并应灵敏有效。防坠安全锁必须在有效标定期内使用，有效标定期不应大于一年。安全锁应由检测机构检验，检验标识应粘贴在安全锁的明显位置处。吊篮应设置为作业人员挂设安全带专用的安全绳和安全锁扣。安全绳应固定在建筑物可靠位置上，不得与吊篮上的任何部位连接。吊篮应安装上限位装置。并应保证限位装置灵敏可靠	符合要求
3	悬挂机构	悬挂机构前支架不得支撑在脚手架、女儿墙及建筑物外挑檐边缘等非承重结构上，必须安装在建筑结构、钢结构平台等上方。悬挂机构宜采用刚性连接方式进行拉接固定。悬挂机构前梁外伸长度应符合产品说明书规定。前支架应与支撑面垂直，且脚轮不应受力。上支架应固定在前支架调节杆与悬挑梁连接的节点处。严禁使用破损的配重块或其他替代物。配重块应固定可靠，重量应符合设计规定	符合要求
4	钢丝绳	钢丝绳不应存在断丝、断股、松股、锈蚀、硬弯及油污和附着物。安全钢丝绳应单独设置，型号规格应与工作钢丝绳一致。吊篮运行时安全钢丝绳应张紧悬垂。电焊作业时应对钢丝绳采取保护措施	符合要求
5	安装作业	吊篮平台的组装长度应符合产品说明书和规范要求。吊篮的构配件应为同一厂家的产品	符合要求
6	升降作业	操作升降人员必须经过培训合格。吊篮内的作业人员不应超过 2 人。吊篮内作业人员应将安全带安全锁扣正确挂置在独立设置的专用安全绳上。作业人员应从地面进出吊篮	符合要求
7	安全防护	吊篮平台周边的防护栏杆、挡脚板的设置应符合规范要求。多层或立体交叉作业时吊篮应设置顶部防护板	符合要求
8	吊篮稳定	吊篮作业时应采取防止摆动的措施。吊篮与作业面距离应在规定要求范围内	符合要求
9	荷载	吊篮施工荷载应符合设计要求。吊篮施工荷载应均匀分布	符合要求

验收结论		验收人员	项目负责人： 项目技术负责人： 项目专职安全管理人员： 吊篮租赁单位负责人： 吊篮安装单位技术负责人： 监理工程师 验收日期：

塔式起重机安装验收表

表 5-8

安装单位	×× 机械安装公司			安装日期		×××× 年 ×× 月 ×× 日	
工程名称	×× 学院学生公寓						
塔式起重机	型号	QTZ63	设备编号	q23224	起升高度（m）		28
	幅度（m）	25	最大起重力矩（kN·m）	30	最大起重量（t）	3	塔高（m） 55
与建筑物水平附着距离（m）	2		各道附着间距（m）	9	附着道数		0
验收部位	技术要求					结果	
塔式起重机结构	部件、附件、连接件安装齐全，位置正确					正确	
	螺栓拧紧力矩达到技术要求，开口销完全撬开					完好	
	结构无变形、开焊、疲劳裂纹					无裂纹	
	压重、配重的重量与位置符合使用说明书要求					正常	
基础与轨道	地基坚实、平整，地基或基础隐蔽工程资料齐全、准确					准确	
	基础周围有排水措施					有	
	路基箱或枕木铺设符合要求，夹板、道钉使用正确					正确	
	钢轨顶面纵、横方向上的倾斜度不大于1/1000					符合要求	
	塔式起重机底架平整度符合使用说明书要求					符合要求	
	止挡装置距离钢轨两端距离≥1m					符合要求	
	行走限位装置距止挡装置距离≥1m					符合要求	
	轨接头间距不大于4mm，接头高低差不大于2mm					符合要求	
机构及零部件	钢丝绳在卷筒上面缠绕整齐、润滑良好					符合要求	
	钢丝绳规格正确，断丝和磨损未达到报废标准					符合要求	
	钢丝绳固定和编插符合国家及行业标准					符合要求	
	各部位滑轮转动灵活、可靠，无卡塞现象					符合要求	
	吊钩磨损未达到报废标准、保险装置可靠					符合要求	
	各机构转动平衡、无异常声响					符合要求	
	各润滑点润滑良好、润滑油牌号正确					符合要求	
	制动器动作灵活可靠，联轴节连接良好，无异常					符合要求	
附着锚固	锚固框架安装位置符合规定要求					符合要求	
	塔身与锚固框架固定牢靠					符合要求	
	附着框、锚杆附着装置等各处螺栓、销轴齐全、正确、可靠					符合要求	
	垫块、锲块等零件齐全、可靠					符合要求	
	最高附着点以下塔身轴线对支承面垂直度不得大于相应高度的2‰					符合要求	
	最高附着点以上塔身轴线支承面垂直度不得大于相应高度的4‰					符合要求	
	附着点以上塔式起重机悬臂高度不得大于规定要求					符合要求	
电气系统	供电系统电压稳定、正常工作、电压380V±10%					符合要求	
	仪表、照明、报警系统完好、可靠					符合要求	

续表

验收部位	技术要求	结果
电气系统	控制、操纵装置动作灵活、可靠	符合要求
	电气按要求设置短路和过电流、失压及零位保护，切断总电源的紧急开关符合要求	符合要求
	电气系统对地的绝缘电阻不大于 0.5MΩ	符合要求
安全限位与保险装置	起重量限制器灵敏可靠，其综合误差不大于额定值的 ±5%	符合要求
	力矩限制器灵敏可靠，其综合误差不大于额定值的 ±5%	符合要求
	回转限位器灵敏可靠	符合要求
	行走限位器灵敏可靠	符合要求
	变幅限位器灵敏可靠	符合要求
	超高限位器灵敏可靠	符合要求
	顶升横梁防脱装置可靠	符合要求
	吊钩上的钢丝绳防脱钩装置完好可靠	符合要求
	滑轮、卷筒上的钢丝绳防脱装置完好可靠	符合要求
	小车断绳保护装置灵敏可靠	符合要求
	小车断轴保护装置灵敏可靠	符合要求
环境	布设位置合理，符合施工组织设计要求	符合要求
	与架空线最小距离符合规定	符合要求
	塔式起重机的尾部与周围建（构）筑物及其外围施工设施之间的安全距离不小于 0.6m	符合要求
其他	对检测单位意见复查	

出租单位验收意见： 签章：　　　　　　日期：	安装单位验收意见： 签章：　　　　　　日期：
使用单位验收意见： 签章：　　　　　　日期：	监理单位验收意见： 签章：　　　　　　日期：

总承包单位验收意见：

签章：　　　　　　　　　　　　　　　　　　　　　　　　　　　日期：

塔式起重机顶升加节验收表 表 5-9

工程名称	××学院学生公寓	设备型号	—	备案登记号	—
使用单位	××建筑有限公司	附着道数	4道	本次附着与下一道附着距离	6m
安装单位	××机械安装公司	原高度	28m	顶升后高度	37m

项目	检查内容	检查结果
顶升前检查	垫块、锲块、连接销轴、开口销等零部件是否齐全	符合要求
	附墙框、附墙杆是否有开焊、变形、裂纹	符合要求
	附墙框、附墙杆长度和结构形式符合附着要求	符合要求
	独立状态或附着状态下检查塔机垂直度的偏差	符合要求
	建筑物上附着点布置和强度符合要求，连接牢固	符合要求
	顶升装置各防脱功能是否安全可靠	符合要求
	爬爪、爬爪座及顶升支承梁无变形、裂纹、开焊	符合要求
	电缆线长度已留置、液压系统无漏油现象	符合要求
顶升后检查	附墙框架、附墙杆安装是否符合规定要求	符合要求
	附墙框架、附墙杆装置等各处螺栓、销轴紧固连接牢靠	符合要求
	附墙杆与附墙框架应呈水平状态，与建筑物连接牢靠	符合要求
	附着点以上塔机自由高度不得大于规定要求	符合要求
	各部位限位器是否灵敏、可靠	符合要求
	附着后检查塔身的垂直度（附着上部，附着下部）	符合要求

验收结论：

    符合要求

验收人员（签字）：

安装单位（章）：	使用单位（章）：	监理单位（章）：
年　月　日	年　月　日	年　月　日

建筑起重机械基础验收表 表 5-10

工程名称	××学院学生公寓		工程地点	××学院	
使用单位	××建设有限公司		安装单位	××机械安装公司	
设备型号	—		备案登记号	—	
序号	检查项目		检查结论（合格√　不合格×）	备注	
1	地基的承载力		√		
2	基础尺寸偏差（长×宽×厚）（mm）		√		
3	基础混凝土强度报告		√		
4	基础表面平整度		√		
5	基础顶部标高偏差（mm）		√		
6	预埋螺栓、预埋件位置偏差（mm）		√		
7	基础周边排水措施		√		
8	基础周边与架空输电线安全距离		√		

其他需说明的内容：

总承包单位		参加人员签名	
使用单位		参加人员签名	
安装单位		参加人员签名	
监理单位		参加人员签名	

验收结论：

施工总承包单位（盖章）：

年　月　日

塔式起重机月度安全检查表　　　　　　　　　　表 5-11

设备型号	—		备案登记号	—
工程名称	×× 学院学生公寓		工程地址	×× 学院
制造厂家	×× 机械厂		出厂编号	××××
出厂日期	—		安装高度	85m
安装单位	×× 机械安装公司		使用单位	×× 建设有限公司
检查结果代号说明	√＝合格　○＝整改后合格　×＝不合格　无＝无此项			

序号	项目	要求	检查记录	序号	项目	要求	检查记录
1	基础	基础应符合说明书要求。有排水设施。组合式塔机基础专项方案应经过专家论证。钢格构柱焊接质量等符合要求。基础无移位，无变形，无积水	√	9	安全装置	力矩限制器、变幅限位、超高限位、回转限位等安全装置应齐全、灵敏、可靠。安全监控装置齐全、在线	√
2	金属结构	整机结构是否变形、开焊、裂纹。塔身标准节螺栓套焊接部位是否有裂纹。无严重锈蚀	√	10	保险装置	吊钩保险装置完好。卷扬机保险装置及栏杆等防护设施齐全、可靠	√
3	钢丝绳	符合起重钢丝绳标准。绳夹安装正确、可靠	√	11	配重	平衡臂压重按规定放置、数量符合要求	√
4	传动机构	减速机构无异响无漏油。制动器制动平稳灵敏、可靠。各部滑轮完整、无破损、无严重磨损	√	12	附墙装置	按说明书要求设置与连接；超长附墙杆有设计计算书、报审表	√
5	主要紧固件	塔身等部位连接螺栓预紧力应达到说明书要求	√	13	电器线路	电气设备必须保证传动性能和控制性确准可靠。与架空高压输电线安全距离应符合标准要求。接地、接零符合要求	√
6	垂直度	附着以下：≤2%；附着以上：≤4%；自由端高度是否符合说明书要求	√	14	避雷	符合说明书要求	√
7	塔式起重机指挥	信号司索工持证上岗。指挥应使用对讲机	√	15	对5年以上的塔式起重机	磁粉探伤针对受力最大部位、应力或弯矩最大部位或其他可疑部位进行检测。超声波测厚针对锈蚀或磨损严重的部位进行检测	√
8	卸料平台	单侧两钢丝绳独立固定、绳径≥ϕ20、绳夹设置符合规定、安全防护到位	√				

检查结论：

产权单位检查人签名：
使用单位检查人签名：

日期：　　年　　月　　日

检查结论填写：同意继续使用、限制使用或不准使用、立即停工整改。

施工升降机安装验收表 　　表 5-12

工程名称		×× 学院学生公寓	工程地址		×× 学院
设备型号		—	备案登记号		—
制造厂家		×× 机械有限公司	出厂编号		—
出厂日期		—	安装高度		85m
安装单位		×× 机械安装有限公司	安装日期		—
检查结果代号说明		√ = 合格　○ = 整改后合格　× = 不合格　无 = 无此项			
检查项目	序号	内容要求		检查结果	备注
主要部件	1	导轨架、附墙架连接安装齐全、牢固，位置正确		√	
	2	螺栓拧紧力矩达到技术要求，开口销完全撬开		√	
	3	导轨架安装垂直度满足要求		√	
	4	结构件无变形、开焊、裂纹		√	
	5	对重导轨符合使用说明书要求		√	
传动系统	6	钢丝绳规格正确，未达到报废标准		√	
	7	钢丝绳固定和编结符合标准要求		√	
	8	各部位滑轮转动灵活、可靠，无卡阻现象		√	
	9	齿条、齿轮、曳引轮符合标准要求，保险装置可靠		√	
	10	各机构转动平稳、无异常响声		√	
	11	各润滑点润滑良好、润滑油牌号正确		√	
	12	制动器、离合器动作灵活可靠		√	
电气系统	13	供电系统正常，额定电压值偏差 ≤ 5%		√	
	14	接触器、继电器接触良好		√	
	15	仪表、照明、报警系统完好可靠		√	
	16	控制、操纵装置动作灵活、可靠		√	
	17	各种电器安全保护装置齐全、可靠		√	
	18	电气系统对导轨架的绝缘电阻应 ≥ 0.5MΩ		√	
	19	接地电阻应 ≤ 4Ω		√	

续表

检查项目	序号	内容要求		检查结果	备注
安全系统	20	防坠安全器在有效标定期限内		√	
	21	防坠安全器灵敏可靠		√	
	22	超载保护装置灵敏可靠		√	
	23	上、下限位开关灵敏可靠		√	
	24	上、下极限开关灵敏可靠		√	
	25	急停开关灵敏可靠		√	
	26	安全钩完好		√	
	27	额定载重量标牌牢固清晰		√	
	28	地面防护围栏门、吊笼门机电联锁灵敏可靠		√	
试运行	29	空载	双吊笼施工升降机应分别对两个吊笼进行试运行。试运行中吊笼应启动、制动正常，运行平稳，无异常现象	√	
	30	额定载重量		√	
	31	110% 额定载重量		√	
坠落试验	32	吊笼制动后，结构及连接件应无任何损坏或永久变形，且制动距离应符合要求		√	

验收结论：

总承包单位（盖章）   验收日期：   年   月   日

总承包单位		参加人员签字	
使用单位		参加人员签字	
安装单位		参加人员签字	
监理单位		参加人员签字	
租赁单位		参加人员签字	

施工升降机月度安全检查表 表 5-13

设备型号			—	备案登记编号		—
工程名称			××学院学生公寓	工程地点		××学院
制造厂家			××机械有限公司	出厂编号		—
出厂日期			—	安装高度		85m
安装单位			××机械安装有限公司	使用单位		××建筑有限公司
检查结果代号说明			√=合格　○=整改后合格　×=不合格　无=无此项			
名称	序号	检查项目	要求		检查结果	备注
标志	1	统一编号牌	应设置在规定位置		√	
	2	警示标志	笼内应有安全操作规程,操作按钮及其他危险处应有醒目的警示标志,施工升降机应设限载和楼层标志		√	
基础和围护设施	3	地面防护围栏门机电联锁保护装置	应装机电联锁装置,吊笼位于底部规定位置时,地面防护围栏门才能打开,地面防护围栏门开启后吊笼不能启动		√	
	4	地面防护围栏	基础上吊笼和对重升降通道周围应设置防护围栏,地面防护围栏高≥1.8m		√	
	5	安全防护区	当施工升降机基础下方有施工作业区时,应设安全防护区和配套安全防护装置		√	
	6	电缆收集筒	固定可靠、电缆能正确导入		√	
	7	缓冲弹簧	应完好		√	
金属结构件	8	金属结构件外观	无明显变形、脱焊、开裂和锈蚀		√	
	9	螺栓连接	紧固件安装准确、紧固、可靠		√	
	10	销轴连接	销轴连接定位可靠		√	
	11	导轨架垂直度	架设高度 h（m）： $h \leqslant 70$； $70 < h \leqslant 100$； $100 < h \leqslant 150$； $150 < h \leqslant 200$； $h > 200$	垂直度偏（mm）： $\leqslant 1‰h$； $\leqslant 70$； $\leqslant 90$； $\leqslant 110$； $\leqslant 130$	√	
			对钢丝绳式施工升降机,垂直度偏差应$\leqslant 1.5‰h$		√	
吊笼及层门	12	紧急逃离门	应完好		√	
	13	吊笼顶部护栏	应完好		√	
	14	吊笼门	开启正常,机电联锁有效		√	
	15	层门	应完好		√	
传动及导向	16	防护装置	转动零部件的外露部分应有防护罩等防护装置		√	
	17	制动器	制动性能良好,手动松闸功能正常		√	
	18	齿轮、齿条啮合	齿条应有90%以上的计算宽度参与啮合,且与齿轮的啮合侧隙应为0.2～0.5mm		√	
	19	导向轮及背轮	连接及润滑应良好、导向灵活、无明显倾侧现象		√	
	20	润滑	无漏油现象		√	

续表

名称	序号	检查项目	要求	检查结果	备注
附着装置	21	附墙架	应采用配套标准产品	√	
	22	附着间距	应符合使用说明书要求	√	
	23	自由端高度	应符合使用说明书要求	√	
	24	与构筑物连接	应牢固可靠	√	
安全装置	25	防坠安全器	应在有效标定期限内使用	√	
	26	防松绳开关	应有效	√	
	27	安全钩	应完好有效	√	
	28	上限位	安装位置：提升机速度 $v < 0.8$（m/s）时，留有上部安全距离应 ≥ 1.8（m），$v \geq 0.8$（m/s）时，留有上部安全距离应 $\geq 1.8 + 0.1v^2$（m）	√	
	29	上极限开关	极限开关应为非自动复位型，动作时能切断总电源，动作后须手动复位才能使吊篮启动	√	
	30	下限位	应完好有效	√	
	31	越程距离	上限位和上极限开关之间的越程距离应 ≥ 0.15m	√	
	32	下极限开关	应完好有效	√	
	33	紧急逃离门安全开关	应有效	√	
	34	急停开关	应有效	√	
	35	超载检测装置	应灵敏有效	√	
电气系统	36	绝缘电阻	电动机及电器元件（电子元器件部分除外）的对地绝缘电阻应 ≥ 0.5MΩ；电气线路的对地绝缘电阻应 ≥ 1MΩ	√	
	37	接地保护	电动机和电气设备金属外壳均应接地，接地电阻为 ≤ 4Ω	√	
	38	失压、零位保护	应有效	√	
	39	电气线路	排列整齐，接地、零线分开	√	
	40	相序保护装置	应有效	√	
	41	通信联络装置	应有效	√	
	42	电缆与电缆导向	电缆完好无破损，电缆导向架按规定设置	√	
对重和钢丝绳	43	钢丝绳	规格应正确，且未达到报废标准	√	
	44	对重导轨	接缝平整、导向良好	√	
	45	钢丝绳端部固结	应采用可靠方法连接或固定，不得采用U形螺栓钢丝绳夹	√	

自检结论：

产权单位检查人签字：

使用单位检查人签字：

日期：　　年　　月　　日

物料提升机基础验收表   表 5-14

工程名称	××学院学生公寓	工程地点	××学院
使用单位	××建设有限公司	安装单位	××机械安装有限公司
设备型号	—	备案登记号	—

序号	检查项目	检查结论	备注
1	地基承载力不应小于 80kPa	符合要求	
2	基础混凝土强度等级不应小于 C30，厚度不应小于 300mm	符合要求	
3	基础表面平整度不大于 10mm	符合要求	
4	预埋螺栓、预埋件位置是否符合说明书要求	符合要求	
5	基础周边排水措施	符合要求	
6	基础周边与架空输出线安全距离	符合要求	
7	地下室顶板为基础的应经设计认可	符合要求	

其他需说明的内容：

总承包单位		参加人员签名	
使用单位		参加人员签名	
安装单位		参加人员签名	
监理单位		参加人员签名	

验收结论：

施工总承包单位（盖章）：

年　　月　　日

物料提升机安装验收表

表 5-15

工程名称	××学院学生公寓		安装单位	××机械安装有限公司
施工单位	××建设有限公司			
设备型号	—		出厂编号	—
安装高度	15m		出厂日期	—
安装时间	—			
验收项目	验收内容及要求		实测结果	结论（合格√，不合格×）
基础	基础承载力符合要求			√
	基础表面平整度符合说明书要求			√
	基础混凝土强度等级符合要求			√
	基础周边有排水设施			√
	与输电线路的水平距离符合要求			√
导轨架	各标准节无变形、无开焊及严重锈蚀			√
	各节点螺栓紧固力矩符合要求			√
	导轨架垂直度≤0.15%，导轨对接阶差≤1.5mm			√
动力系统	卷扬机卷筒节径与钢丝绳直径的比值≥30%			√
	吊笼处于最低位置时，卷筒上的钢丝绳不应少于 3 圈			√
	曳引轮直径与钢丝绳的包角≥150º			√
	卷扬机（曳引轮）固定牢固			√
	制动器、离合器工作可靠			√
钢丝绳与滑轮	曳引钢丝绳受力均匀，应有可调装置			√
	钢丝绳断丝、磨损未达到报废标准			√
	钢丝绳及绳夹规格匹配，紧固有效			√
	滑轮直径与钢丝绳直径的比例≥30			√
	滑轮磨损未达到报废标准			√
吊笼	吊笼结构完好、无变形			√
	吊笼进出料门开关灵活可靠			√
电气系统	供电系统正常，电源电压 380V±5%			√
	电气设备绝缘电阻值≥0.5MΩ			√
	短路保护、过电流保护和漏电保护齐全可靠			√

续表

验收项目	验收内容及要求	实测结果	结论（合格√，不合格×）
附墙架	附墙架结构符合说明书要求		√
	自由端高度、附墙架间距≤6m，且符合设计要求		√
缆风绳与地锚	缆风绳的设置组数及位置符合说明书要求		√
	缆风绳与导轨架连接处有防剪切措施		√
	缆风绳与地锚夹角在45°～60°之间		√
	缆风绳与地锚用花篮螺栓连接		√
安全与防护装置	防坠安全器在标定期限内，且灵敏可靠		√
	超载保护装置灵敏可靠，误差值不大于额定值的5%		√
	安全停层装置灵敏可靠		√
	限位器开关灵敏可靠，安全越程≥3m		√
	吊笼围栏门、进出料门、停层平台门高度及强度符合要求，且达到工具化、标准化的要求		√
	停层平台及两侧防护栏杆搭设高度符合要求		√
	进料口防护棚长度≥3m，且强度符合要求		√

施工总承包单位		验收人	
安装单位		验收人	
使用单位		验收人	
租赁单位		验收人	
监理单位		验收人	

验收结论：

验收负责人：　　　　　　　　　　　　　　　　　　　　　　　　验收日期：　　年　月　日

物料提升机月度安全检查表 表 5-16

设备型号	—	备案登记号	—
工程名称	××学院学生公寓	工程地点	××学院
制造厂家	××机械厂	出厂编号	××××
出厂日期	××××.××.××	安装高度	15m
安装单位	××机械安装有限公司	使用单位	××建设有限公司
检查结果代号说明	√＝合格　○＝整改后合格　×＝不合格　无＝无此项		

序号	检查项目		检查内容及要求	检查结果
1	基础		卷扬机、曳引机基础应符合设计要求，周围应有排水措施，基础及对重围栏应符合要求	√
2	架体		安装垂直度小于1/1000，焊缝无裂痕、各连接点紧固件无松动	√
3	架体稳定	缆风绳	直径不得小于9.3mm，架高≤20m用1组，架高＜30m时不少于2组，与地面夹角不应大于60°，固定可靠	√
		附墙装置	与建筑物的连接应采用刚性铰接并可靠，且应符合规范要求	
4	停层		停层装置应灵敏可靠，必须与吊笼出料门联动；层门应完善可靠，开启关闭应灵活、可靠	√
5	吊笼		吊笼两侧维护及顶部结构完好、无变形；吊笼进出料门联锁装置完好有效	√
6	滑轮导向及缓冲器		滑轮导轨、滚轮导向装置防脱保护装置可靠，导轨与导向装置无卡阻现象，吊笼底部应设缓冲器	√
7	动力系统		动力装置润滑检查；制动安全检查	√
8	安全装置及其他		架体、缆风绳与输电线路安全距离	√
			上下限位，上极限及吊笼越程距离应符合要求	√
			绳张力均衡装置及防松绳保护装置，钢丝绳磨损情况	√
			载限制器及缓冲器应完好可靠	√
			防坠装置可靠，抱闸动作应迅速有效，灵敏可靠；吊笼停层装置定型化，性能良好	√

检查结论：

产权单位检查人签字：

使用单位检查人签字：

日期：　　　年　　月　　日

施工用电安全技术综合验收表　　　　　　　　　　　　　表 5-17

工程名称：××学院学生公寓

序号	验收项目	技术要求	验收结果
1	施工方案	施工现场临时用电设备在 5 台及以上或设备总容量在 50kW 及以上者，应编制用电组织设计。临时用电组织设计及变更时，必须履行，"编制、审核、批准"程序，由电气工程技术人员组织编制，经企业技术负责人和项目总监批准后方可实施。方案实施前必须进行安全技术交底	合格
2	外电防护	外电线路与在建工程及脚手架、起重机械、场内机动车道的安全距离应符合规范要求；当安全距离不符合规范要求时。必须编制外电安全防护方案，采取隔离防护措施，隔离防护应达到 IP30 级（防止 φ2.5mm 的固体侵入），防护屏障应用绝缘材料搭设，并应悬挂明显的警示标志。防护设施与外电线路的安全距离应符合规范要求，并应坚固、稳定。外电架空线路正下方不得进行施工、建造临时设施或堆放材料物品	合格
3	接地与接零保护系统	施工现场应采用 TN-S 接零保护系统，不得同时采用两种保护系统：保护零线应由工作接地线、总配电箱电源侧零线或总漏电保护器电源零线处引出，电气设备的金属外壳必须与保护零线连接；保护零线应单独敷设，线路上严禁装设开关或熔断器，严禁通过工作电流；保护零线应采用绝缘导线。规格和颜色标记应符合规范要求；保护零线应在总配电箱处、配电系统的中间处和末端处（不少于 3 处）重复接地。工作接地电阻不得大于 4Ω，重复接地电阻不得大于 10Ω；接地装置的接地线应采用 2 根及以上导体，在不同点与接地体做电气连接。接地体应采用角钢、钢管或光面圆钢；施工现场起重机、物料提升机、施工升降机、脚手架应按规范要求采取防雷措施，防雷装置的冲击接地电阻值不得大于 30Ω；做防雷接地机械上的电气设备，保护零线必须同时做重复接地	合格
4	配电线路	线路及接头应保证机械强度和绝缘强度：线路应设短路、过载保护。导线截面应满足线路负荷电流；线路的设施、材料及相序排列、挡距、与邻近线路或固定物的距离应符合规范要求：严禁使用四芯或三芯电缆外加 1 根电线代替五芯或四芯电缆以及老化、破皮电缆；电缆应采用架空或埋地敷设并应符合规范要求；严禁沿地面明设或沿脚手架、树木等敷设；电缆中必须包含全部工作芯线和用作保护零线的芯线。并应按规定接用；室内明敷主干线距地面高度不得小于 2.5m	合格
5	配电箱、开关箱	施工现场配电系统应采用三级配电、三级漏电保护系统，用电设备必须有各自专用的开关箱；箱体结构、箱内电器设置及使用应符合规范要求；配电箱必须分设工作零线端子板和保护零线端子板，保护零线、工作零线必须通过各自的端子板连接；总配电箱、分配电箱与开关箱应安装漏电保护器，漏电保护器参数应匹配并灵敏可靠；箱体应设置系统接线图和分路标记，并应有门、锁及防雨措施；箱体安装位置、高度及周边通道应符合规范要求；分配箱与开关箱间的距离不应超过 30m，开关箱与用电设备间的距离不应超过 3m	合格
6	配电室与配电装置	配电室的建筑耐火等级不应低于三级，配电室应配置适用于电气火灾的灭火器材；配电室、配电装置的布设应符合规范要求：配电装置中的仪表、电器元件设置应符合规范要求；配电室内应有足够的操作、维修空间，备用发电机组应与外电线路进行联锁；配电室应采取防止风雨和小动物侵入的措施：配电室应设置警示标志、工地供电平面图和系统图	合格
7	现场照明	照明用电应与动力用电分设；特殊场所和手持照明灯应采用 36V 及以下安全电压供电；照明变压器应采用双绕组安全隔离变压器；灯具金属外壳应接保护零线；灯具与地面、易燃物间的距离应符合规范要求；照明线路和安全电压线路的架设应符合规范要求；施工现场应按规范要求配备应急照明	合格
8	用电档案	总包单位与分包单位应签订临时用电管理协议，明确各方相关责任；用电各项记录应按规定填写，记录应真实有效；用电档案资料应齐全，并应设专人管理	合格
验收结论		验收人员	项目负责人： 项目技术负责人： 项目专职安全管理人员： 项目电工： 监理工程师： 验收日期：

5.3.4 课题工作任务训练的评价标准

按时完成任务（30%），文本和记录正确（50%），内容的完整性（20%）。

5.3.5 课题工作任务的成果

14. 钢管扣件式脚手架安全技术综合验收表	15. 高处作业吊篮安全技术综合验收表	16. 建筑起重机械基础验收表	17. 模板支架工程安全技术综合验收表	18. 模板支架验收记录表
19. 施工升降机安装验收表	20. 施工升降机月度安全检查表	21. 施工用电安全技术综合验收表	22. 塔式起重机安装验收表	23. 塔式起重机顶升加节验收表
24. 塔式起重机月度安全检查表	25. 物料提升机安装验收表	26. 物料提升机基础验收表	27. 物料提升机月度安全检查表	

任务的成果按上述参考格式编制与提交。

5.3.6 课题工作任务训练注意事项

在编制前，要先弄清施工安全检查的编制次序和编制方法。其次提交课题工作任务训练成果，力求做到施工安全检查的精细化，尽最大努力有针对性地完成施工安全检查。

任务 5.4 项目课题工作任务训练质量评价

5.4.1 课题工作任务训练质量自我评估与同学互评

自我评估与同学互评详见表 5-18。

课题工作任务训练质量自我评估与同学互评表　　　　　　表 5-18

实训项目					
小组编号		场地		实训者	
序号	考核项目	分值	实训要求		自评／互评
1	按时完成任务	30	按时按要求完成课题工作任务实训		
2	文本和判断正确	50	成果符合要求，准确		
3	内容完整性	20	记录规范、完整		
实训知识点总结与学习反思：					
小组其他成员评价得分：					
组长评价得分：				评价时间：	

5.4.2　课题工作任务训练质量教师评价

教师评价详见表 5-19。

课题工作任务训练质量教师评价表　　　　　　表 5-19

实训项目					
小组编号		场地		实训者	
序号	考核项目	分值	实训要求		教师评定
1	按时完成任务	30	按时按要求完成课题工作任务实训		
2	文本和判断正确	50	实训成果符合要求，准确		
3	内容完整性	20	记录规范、完整		
完成课题工作任务存在的问题：					
指导教师：				评价时间：	

项目 6　施工进度控制

▼▼ 学习目标

（1）能编制工程进度计划，具备施工实际进度检查和调整能力。

（2）能在学习中获得施工实际进度检查和调整的过程性（隐性）知识，同时培养施工实际进度检查和调整和进度动态管控意识，精准实施进度检查的能力与行为谨慎的职业习惯。

任务 6.1　施工进度计划审核

6.1.1　课题工作任务的含义和用途

为了保证工程项目能在合同工期内完成，项目监理机构应对施工方报审的进度计划的人员、机械材料、工序等的合理性以及是否满足合同规定等进行审核。

6.1.2　课题工作任务的背景和要求

项目监理机构应审查施工单位报审的施工总进度计划和阶段性施工进度计划，提出审查意见，经总监理工程师审核后报建设单位。

项目监理机构应检查施工进度计划实施情况，发现实际进度滞后较多，应以《监理通知单》督促施工单位采取有效措施加快施工进度；当实际进度严重滞后于计划进度且影响合同工期时，除以《监理通知单》要求施工单位采取调整措施加快施工进度外，总监理工程师应向建设单位报告工期延误风险。当工期严重滞后时，项目监理机构应组织有关责任方召开专题会议，落实纠偏、补救措施。必要时，建设单位、施工单位、监理单位共同讨论、调整进度计划，由此所产生的相关费用按合同文件执行，如合同无约定则由工期延误责任方承担。

6.1.3　课题工作任务训练的步骤、格式和指导

（1）了解施工进度计划的种类及进度计划的形式。

（2）学习并能够看懂横道图、网络图，会绘制横道图。

（3）按照以下要求审核施工进度计划：

1）施工进度计划应符合施工合同中工期的约定。

2）施工进度计划中主要工程项目无遗漏，应满足分批投入试运、分批动用的需要，阶段性施工进度计划应满足总进度控制目标的要求。

3）施工顺序的安排应符合施工工艺要求。

4）施工人员、工程材料、施工机械等资源供应计划应满足施工进度计划的需要。

5）施工进度计划应符合建设单位提供的资金、施工图纸、施工场地、物资等施工条件。

（4）按照《进度控制汇总表》格式（表6-1），记录进度计划和进度控制情况。

进度控制汇总表　　　　　　　　　　　　表 6-1

分部分项节点名称	进度计划	实际进度	偏差情况	原因分析	对总进度或该分部进度的影响	措施和效果
土方开挖	4月1日~4月20日	4月5日~4月30日	开工时间晚5d，过程中又晚5d，共滞后10d	1. 土方手续未办妥，晚5d开工 2. 下雨滞后10d，经赶工缩短5d，但还是晚了5d	对紧后工作基础垫层开始时间晚了10d	措施：垫层、基础施工增加劳动力，及时穿插，赶回工期 效果：在混凝土浇筑时工期基本已赶回

6.1.4 课题工作任务训练的评价标准

按时完成任务（30%），文本和记录正确（50%），内容的完整性（20%）。

6.1.5 课题工作任务的成果

28.进度控制汇总表

任务的成果按上述参考格式编制与提交。

6.1.6 课题工作任务训练注意事项

在编制前，要先弄清进度控制汇总表的编制次序和编制方法。其次提交课题工作任务训练成果，力求做到进度控制汇总表审核的精细化，尽最大努力有针对性地完成进度控制汇总表审核。

任务 6.2　　工期延误原因记录

6.2.1　课题工作任务的含义和用途

项目监理机构应比较分析工程施工实际进度与计划进度，预测实际进度对工程总工期的影响，并及时记录原因，保存原始证据。

6.2.2　课题工作任务的背景和要求

在施工过程中，监理单位应及时记录施工单位影响造成的工期延期，为后期工期索赔提供证据材料。

施工方影响因素是指施工企业自身管理状况的影响。工程项目施工现场的状况通常都是瞬息万变的，如果工程施工单位在施工方案、计划、管理以及解决问题的能力方面不能及时高效处理的话，都会影响工程项目的进度。影响施工项目进度的因素来自于很多方面，监理在控制工程进度过程中采取的方法也很多，但是所有的进度控制工作都必须因地、因时、因事制宜，充分结合实际情况采取合适的方法和手段，这样才能确保工程进度始终处在可控状态。

6.2.3　课题工作任务训练的步骤、格式和指导

（1）查找资料，了解施工方的影响因素有哪些，对照施工进度计划进行罗列。

（2）按照表6-2，记录施工方影响原因（工期延误原因记录）。

工期延误原因记录表　　　　　　　　　　　　　　　表 6-2

时间	事件	因素	证据材料	备注
××××.××.××	5号台风	不可抗力	××××.××.×× 气象报告	

6.2.4　课题工作任务训练的评价标准

按时完成任务（30%），文本和记录正确（50%），内容的完整性（20%）。

6.2.5　课题工作任务的成果

29. 工期延误原因记录表

任务的成果按上述参考格式编制与提交。

6.2.6 课题工作任务训练注意事项

在编制前,要先弄清《工期延误原因记录表》的编制次序和编制方法。其次提交课题工作任务训练成果,力求做到《工期延误原因记录表》审核的精细化,尽最大努力有针对性地完成《工期延误原因记录表》审核。

任务6.3 工期延长原因审核记录

6.3.1 课题工作任务的含义和用途

项目监理机构应比较分析工程施工实际进度与计划进度,预测实际进度对工程总工期的影响,并及时记录原因,保存原始证据。

6.3.2 课题工作任务的背景和要求

在施工过程中,监理单位应及时记录非施工单位影响造成的工期延期,为后期工期索赔提供证据材料。非施工单位因素主要有以下内容:

1. 政府机构或者工程项目的建设单位、上级建设主管机构以及工程业主代表等各方力量的影响。比如在工程项目的监理机构已经签发了工程开工指令时,项目施工的场所还没有能够完全交付给承建单位,或者工程项目的业主在此时还没有能够完善好工程手续等。

2. 材料设备供应的影响。工程项目的施工过程中需要基本的材料、零配件以及机器设备的充足保障,如果这方面没有能够按时按量运抵工程施工现场,或者质量达不到工程设计需求,势必会对工程项目的进展造成影响。

3. 资金的影响。工程项目要能够顺利地开展与实施,需要有足够的资金保障,一般情况下这些资金应该由工程项目业主解决,但是如果工程项目业主不能够及时充足地保障工程资金的供给,比如拖欠工人工资与工程进度款等,这些都会对承包单位的资金周转带来困难,从而影响工程进度。

4. 施工条件与环境的影响。比如在某项工程项目的桩基施工现场,因为施工地点属于淤泥冲积层,障碍物较多,且底下的水位较高,这必然会给工程施工带来预料之外的困难,从而造成工期的延长。此外,在工程项目实施过程中,水位、地质、气候等各方面环境因素都会对工程项目的施工进度造成不同程度的影响。

5. 各种风险因素的影响。工程项目的风险因素包含了经济、政治、自然、技术等多方面所存在的因素如经济方面的通货膨胀、延期付款等;技术方面标准的变化、试验失败、工程事故等;自然方面的洪水、地震等都会对工程进度造成影响。

6.3.3 课题工作任务训练的步骤、格式和指导

(1)查找资料,了解非施工方的影响因素有哪些,对照施工进度计划进行罗列。

(2)按照表6-3,记录非施工方影响因素(工期顺延原因审核记录)。

工期顺延原因审核记录表   表 6-3

时间	事件	因素	费用（万元）	主体行为及证据材料				备注
				建设	设计	监理	其他	
××××.××.××	5号台风	不可抗力	0				××××.××.×× 气象报告	

6.3.4 课题工作任务训练的评价标准

按时完成任务（30%），文本和记录正确（50%），内容的完整性（20%）。

6.3.5 课题工作任务的成果

30.工期顺延原因审核记录表

任务的成果按上述参考格式编制与提交。

6.3.6 课题工作任务训练注意事项

在编制前，要先弄清《工期顺延原因审核记录表》的编制次序和编制方法。其次提交课题工作任务训练成果，力求做到《工期顺延原因审核记录表》审核的精细化，尽最大努力有针对性地完成《工期顺延原因审核记录表》审核。

任务 6.4   项目课题工作任务训练质量评价

6.4.1 课题工作任务训练质量自我评估与同学互评

自我评估与同学互评详见表6-4。

课题工作任务训练质量自我评估与同学互评表 表 6-4

实训项目					
小组编号		场地		实训者	
序号	考核项目	分值	实训要求		自评／互评
1	按时完成任务	30	按时按要求完成课题工作任务实训		
2	文本和判断正确	50	成果符合要求，准确		
3	内容完整性	20	记录规范、完整		

实训知识点总结与学习反思：

小组其他成员评价得分：

组长评价得分： 评价时间：

6.4.2 课题工作任务训练质量教师评价

教师评价详见表 6-5。

课题工作任务训练质量教师评价表 表 6-5

实训项目					
小组编号		场地		实训者	
序号	考核项目	分值	实训要求		教师评定
1	按时完成任务	30	按时按要求完成课题工作任务实训		
2	文本和判断正确	50	实训成果符合要求，准确		
3	内容完整性	30	记录规范、完整		

完成课题工作任务存在的问题：

指导教师： 评价时间：

项目 7　工程造价控制

学习目标

（1）在指导教师的指导下，能够独立进行造价变更、工程款支付审核。

（2）能够填写工程变更单，填写工程款支付核准表。

（3）能在学习中获得造价变更、支付控制和调整的过程性（隐性）知识，同时培养施工实际造价变更、支付动态管控意识，精准实施造价变更、支付控制的能力与行为谨慎的职业习惯。

任务 7.1　工程款支付约定研读

7.1.1　课题工作任务的含义和用途

研读施工合同中有关工程款支付条款，是为了保证项目监理机构在实施监理过程中对合同需完成工程量、付款方式、付款条件等更加清晰明确，更好地实现投资控制的目标。

7.1.2　课题工作任务的背景和要求

项目监理部应认真研读施工合同中关于工程款支付的相关条款，以利于项目监理部能按合同要求审批施工单位报审的工程款内容。

7.1.3　课题工作任务训练的步骤、格式和指导

（1）收集施工合同，摘录合同造价、合同约定支付方式、变更支付方式等。

（2）按照表 7-1，摘录工程款支付约定内容。

工程投资控制汇总表　　　　　表7-1

总造价	合同约定方式											第1次（××××年××月××日）		
												3月完成工程量	3月应付工程款	累计支付工程款
包含分部分项工程费、措施项目费、其他项目费、规费、税金	支付方式一	按约定的部位和金额支付	桩基工程完成（10%）	基础工程完成（10%）	主体结构（25%）	中间验收通过（10%）	装修工程完成（20%）	工程预验收（10%）	竣工验收（10%）	结算（97%）	保修金（3%）	180万	150万	150万
	扣款方式	按约定扣回	按比例在基础完成前等比例分2次扣回											

7.1.4　课题工作任务训练的评价标准

按时完成任务（30%），文本和记录正确（50%），内容的完整性（20%）。

7.1.5　课题工作任务的成果

31. 工程投资控制汇总表

任务的成果按上述参考格式编制与提交。

7.1.6　课题工作任务训练注意事项

在编制前，要先弄清《工程投资控制汇总表》的编制次序和编制方法。其次提交课题工作任务训练成果，力求做到《工程投资控制汇总表》审核的精细化，尽最大努力有针对性地完成《工程投资控制汇总表》审核。

任务7.2　工程计量和支付初审

7.2.1　课题工作任务的含义和用途

工程计量是指根据工程设计文件及施工合同约定，项目监理机构对施工单位申报的合格工程的工程量进行核验。

7.2.2　课题工作任务的背景和要求

专业监理工程师对施工单位在工程款支付报审表中提交的工程量和支付金额进行复核，确定实际完成的工程量，提出到期应支付给施工单位的金额，并提出相应的支持性材料。总监理工程师对专业监理工程师的审查意见进行审核，签认后报建设单位审批。

7.2.3　课题工作任务训练的步骤、格式和指导

（1）初审步骤和内容：

1）查阅资料，了解并收集工程计量的依据，如工程量清单、合同、图纸、变更单等。

2）查找合同约定的计量原则及方式。

3）核对实际完成工程量与合同工程量。

4）核对施工单位报审的价格是否与合同一致。

5）核对计量方式是否与招标投标一致。

（2）按照格式表 7-2，记录工程量和支付初审成果。

工程量清单与监理初审表　　　　　　　　　　　　表 7-2

单位（专业）工程名称：土建 - 学生公寓

序号	标书序号	项目编码	项目名称	项目特征	计量单位	合同工程量					监理审核			
						数量	综合单价	合价	人工费	机械费	数量	综合单价	合价	累计审核
1	64	010801004001	木质防火门	FM1（乙）：选用编号 MFM 0921A，乙级，洞口尺寸：900mm×2100mm；含防烟条、门扇贴皮、油漆及五金配件等费用；含制作、包装、运输、安装等费用；经国家消防检测机构检测合格产品，具体做法详见《木质防火门》浙 J 23—95	樘	106	718.82	76194.92	4686.26	0.00	20	718.82	14376.4	14376.4
2	65	010801004002	木质防火门	FM2（乙）：选用编号 MFM 1221A，乙级，洞口尺寸：1200mm×2100mm；含防烟条、门扇贴皮、油漆及五金配件等费用；含制作、包装、运输、安装等费用；经国家消防检测机构检测合格产品，具体做法详见《木质防火门》浙 J 23—95	樘	29	937.07	27175.03	1282.09	0.00	9	937.07	8433.63	8433.63
3	66	010801004003	木质防火门	FM3（乙）：选用编号 MFMz 1221A,乙级，洞口尺寸：1100mm×2100mm；含防烟条、门扇贴皮、油漆及五金配件等费用；含制作、包装、运输、安装等费用；经国家消防检测机构检测合格产品，具体做法详见《木质防火门》浙 J 23—95	樘	57	864.08	49252.56	2519.97	0.00	7	864.08	6048.56	6048.56
本页小计								152622.51					28858.59	28858.59

7.2.4　课题工作任务训练的评价标准

按时完成任务（30%），文本和记录正确（50%），内容的完整性（20%）。

7.2.5　课题工作任务的成果

32.工程量清单与监理初审表

任务的成果按上述参考格式编制与提交。

7.2.6　课题工作任务训练注意事项

在编制前，要先弄清《工程量清单与监理初审表》的编制次序和编制方法。其次提交课题工作任务训练成果，力求做到《工程量清单与监理初审表》审核的精细化，尽最大努力有针对性地完成《工程量清单与监理初审表》审核。

任务 7.3　　工程变更审核记录

7.3.1　课题工作任务的含义和用途

因工程变更引起的费用调整，项目监理机构可在工程变更实施前与建设单位、施工单位等协商确定计价原则、计价方法或价款。

7.3.2　课题工作任务的背景和要求

监理单位应在项目发生变更时，及时获得建设单位授权，待建设、施工协商确定一致后落实实施。

7.3.3　课题工作任务训练的步骤、格式和指导

（1）审核步骤和内容：

1）核对施工单位上报的变更内容的真实性。

2）对变更内容涉及的工程量增减、费用变化、工期影响等作出评估，并收集好相关证据材料。

（2）按照表 7-3，填写工程变更审核意见。

工程变更单（费用调整）　　　　　　　　　　　表 7-3

工程名称：××学院学生公寓　　　　　　　　　　　　　　　　　编号：001

致　__××学院__：

　　由于　__001 号设计联系单位做法改变__　原因，兹提出　__基础承台__　工程变更，请予以审批。

　　附件：
　　□ 变更内容
　　☑ 变更设计图
　　□ 相关会议纪要
　　□ 其他

变更提出单位
负责人
年　　月　　日

工程数量增（减）	增加钢筋 10t，混凝土 100m³
费用增（减）/ 元	增加 5 万
工期变化 /d	0
达成的一致意见	

施工单位（盖章） 项目经理（签字） 年　　月　　日	设计单位（盖章） 设计负责人（签字） 年　　月　　日
项目监理机构（盖章） 总 / 专业监理工程师（签字） 年　　月　　日	建设单位（盖章） 负责人（签字） 年　　月　　日

7.3.4　课题工作任务训练的评价标准

按时完成任务（30%），文本和记录正确（50%），内容的完整性（20%）。

7.3.5　课题工作任务的成果

33. 工程变更单

任务的成果按上述参考格式编制与提交。

7.3.6　课题工作任务训练注意事项

在编制前，要先弄清《工程变更单（费用调整）》的编制次序和编制方法。其次提交课题工作任务训练成果，力求做到《工程变更单（费用调整）》审核的精细化，尽最大努力有针对性地完成《工程变更单（费用调整）》审核。

任务 7.4　项目课题工作任务训练质量评价

7.4.1 课题工作任务训练质量自我评估与同学互评

自我评估与同学互评详见表7-4。

课题工作任务训练质量自我评估与同学互评表　　　表7-4

实训项目					
小组编号		场地		实训者	
序号	考核项目	分值	实训要求		自评／互评
1	按时完成任务	30	按时按要求完成课题工作任务实训		
2	文本和判断正确	50	成果符合要求，准确		
3	内容完整性	20	记录规范、完整		
实训知识点总结与学习反思：					
小组其他成员评价得分：					
组长评价得分：				评价时间：	

7.4.2 课题工作任务训练质量教师评价

教师评价详见表7-5。

课题工作任务训练质量教师评价表　　　表7-5

实训项目					
小组编号		场地		实训者	
序号	考核项目	分值	实训要求		教师评定
1	按时完成任务	30	按时按要求完成课题工作任务实训		
2	文本和判断正确	50	实训成果符合要求，准确		
3	内容完整性	20	记录规范、完整		
完成课题工作任务存在的问题：					
指导教师：				评价时间：	

项目 8 建设工程合同管理

学习目标

（1）在实务指导教师的指导下，能够独立进行索赔事实审核。

（2）能够编写索赔审核评估报告。

（3）能在学习中获得造价索赔事实审核的过程性（隐性）知识，同时培养施工索赔管控意识，精准实施造价索赔管控的能力与行为谨慎的职业习惯。

任务 8.1 建设工程合同研读

8.1.1 课题工作任务的含义和用途

合同管理是指根据合同条款所约定的内容或方法，进行履约情况跟踪，做好工程变更、索赔和反索赔的证据收集整理、数据采集工作，以利于建设行为按约、工程投资受控。

8.1.2 课题工作任务的背景和要求

监理工程师应了解与掌握合同内容，对合同双方的执行情况进行跟踪管理，认真进行调查与记录，熟悉各类合同问题的处理程序，对双方出现的合同纠纷要及时处理，督促检查施工单位对合同目标实施，协助处理与项目有关的索赔事宜及合同纠纷事宜。

8.1.3 课题工作任务训练的步骤、格式和指导

（1）建设合同研读步骤：

1）了解监理单位合同管理的主要内容。

2）收集相关合同，在表 8-1 中摘录工程名称、关联合同、主要约定等有关内容。

3）在工程建设过程中，应定期检查合同履行状况。根据合同进行工程管理（即合同管理实务），处理合同争议和索赔事项，按照合同规定审核工程变更、现场签证、计量、工程支付等。

（2）按照表 8-1，摘录上述建设合同的研读内容，并填写相关实施情况。

合同管理汇总表　　　　　　　　　　　表 8-1

工程名称		××学校学生公寓	合同名称		××学校学生公寓建安工程施工合同			标的		38467.6523 万元	
关联合同	名称	××学校学生公寓景观工程施工合同	标的	1230.1842 万元	订立时间	××××年××月××日	名称		标的		订立时间
	名称		标的		订立时间		名称		标的		订立时间
	名称		标的		订立时间		名称		标的		订立时间
主要约定	人员	监理单位总监理工程师×××，建设单位工程管理部经理×××，施工单位项目部经理×××									
	支付	工程款（进度款）支付 双方约定的工程款（进度款）支付的方式和时间： （1）发包人不支付预付款。工程款根据施工进度支付，所有单体结构完成至±0.000时支付已完工作量70%，以后按月支付已完工程量的70%；结项时工程款支付至已完工程的75%；每次付款前，承包人必须开具同等数额的增值税专用发票，在发票验证符合规定后支付相应款项，否则发包人有权拒绝支付。工程竣工验收一个月前，承包人须提交符合当地档案馆要求的竣工资料，在发票验证符合规定后支付至已完工程量的85%。 （2）其余措施费等包干费用按如下约定支付： 其余根据使用周期分期支付。 （3）水电费在每次支付工程进度款中扣除（水电用量安装表计量，总表及分表差额和水电的损耗等由各施工单位按使用数量分摊，水电价格按水电实际供应价）。 （4）单项变更金额在10万元以上时，随工程款按70%支付，在10万元以内时（含10万元）结算后支付。变更联系单提出后必须在七天内上报至建设单位。 （5）总承包服务费在分包工程竣工后经相关分包单位及发包人签字确认实际配合情况良好后按工程款支付比例支付。 （6）工程款在审核确认后14个工作日内并完成内部审批后支付。 （7）发包人支付上述款项前，承包人必须开具同等数额的增值税专用发票，在发票验证符合规定后支付相应款项，否则发包人有权拒绝支付，支付至结算款时，应开具全额包含结算款的发票。 （8）工程竣工结算经双方共同书面确认后的15d内，承包人应提供已收款明细表，会同发包人对已经支付的工程价款、未付的剩余工程结算价款进行对账并确认。对账确认后28d内，按发包人要求开具剩余金额的增值税专用发票，在发票验证符合规定，发包人保留工程质量保修金及约定的其他保留款项后，付清剩余的工程结算价款。若承包人需开具红字发票的，发包人应予配合。 （9）价外费用（如奖励费、违约金等均含税）也应开具增值税专用发票。									
	结算	竣工结算 1.竣工结算报告及结算资料的要求 （1）承包人应向发包人提交承包人盖章、项目经理签字、结算编制人员盖章的竣工结算报告及完整、有效的结算资料，工程结算资料包括送审资料清单、结算汇总表、各项结算调整的依据以及内容和费用、发包人有关部门会签的《工程结算审批表》、已经发包人确认的竣工图（一式二份）、已办妥《质量保修书》《房屋建筑使用说明书》、已办妥资料归档手续并提供相应证明材料。发包人对结算资料进行审核，符合要求的在竣工结算资料回执上签字并加盖发包人公章后方可视为发包人收到竣工结算资料。 （2）在工程结算审核过程中，承包人不得再增加任何结算资料（图纸、签证变更单、价格凭证等）。在结算审核中发现结算资料无效或不完整的，审价延误的责任由承包人承担。 （3）承包人未按本条款约定的时间向发包人提交竣工结算报告和资料的，发包人将不能保证按下条规定的时间内完成审核，并且发包人有权根据已有资料进行审查，责任由承包人自行承担。 2.自完整、有效的结算资料收到之日起90d内，发包人自行或委托有资质的造价咨询单位进行审核，给予确认或提出修改意见，并将审核结果通知承包人。承包人确认同意的，则发包人审定的价款为双方竣工结算价款的最终依据；如承包人不同意，双方针对争议部分进行核对和协商；经核对协商不能解决的争议部分，双方共同申请当地工程造价管理部门进行解释和协调解决；经以上协商仍不能解决的，则按本专用条款第××条约定处理。									

	结算	3. 承包人应遵循实事求是的原则编制工程造价和变更引起的增减费用，对于工程审计（预算、清单、结算、变更联系单费用等的审核）费用支付的约定：工程审计费用基本费由发包人承担；核增追加费按核减超过送审造价 5% 的幅度以外的核减额为基数计取 5% 的费用，核增追加费按核增额的 5% 计算费用，核增额与核减额不作抵扣，核减、核增追加费由承包人承担，即核增、减追加费＝（核减额－送审造价×5%）×5%＋核增额×5%。无论是否委托中介审计，由发包人从应付工程款中直接扣缴。 结算审核时对预算核对包干部分基本费不再计取，亦不作为审核追加费基数，即预算核对包干部分不纳入结算审核基本费、追加费的计算基数。 4. 发包人可能另行委托第二家咨询公司（或自审）进行预、结算复审，如需核对，承包人须无条件配合。
主要约定	变更	工程设计变更 1. 发包人有权根据需要随时提出工程设计变更，承包人必须接受；如造成返工等损失的，经监理工程师和发包人确认，补偿承包人的直接经济损失（不计利润等）；对于隐蔽工程变更，《施工变更联系单》在隐蔽前送达甲方，并附该部分的影像资料，逾期则视为该项变更优惠；甲方的资料对接人为工程部资料员，若乙方将《施工变更联系单》送给他人按作废处理；所有设计变更必须经发包人确认后有效。 2. 承包人提出的合理化建议被发包人采纳的，节省的工程费用的分享：（1）承包人经过复杂的计算、设计和施工组织的，节省的费用按各 50% 的比例分享；（2）承包人通过变换施工工艺和方法，或经一般的计算、设计和施工组织的，承包人按 40% 的比例分享；（3）承包人通过材料的替代（不降低工程效果，不降低品质）节省的费用，承包人按 30% 的比例分享；（4）影响工程效果、降低品质的建议将不被采纳；（5）承包人承担提出合理化建议所需计算、设计、调查等的费用支出，并对结果承担风险。（6）工程验收合格后一个月内，发包人组织进行评价，工程品质和效果良好的，承包人分享的奖励直接列入工程结算中，如果对品质效果有影响的，发包人酌情扣减。
	索赔	×条具体说明，即按通用条款执行，除通用条款约定外，不再额外增加索赔条款。
	违约	1. 本合同中关于发包人违约的具体责任如下： 本合同通用条款第××款约定发包人违约应承担的违约责任：每延迟一天按应付款的万分之二支付违约金。 本合同通用条款第××款约定发包人违约应承担的违约责任：每延迟一天按应付款的万分之二支付违约金。 2. 本合同中关于承包人违约的具体责任如下： 本合同通用条款第××款约定承包人违约承担的违约责任：任何一个节点未达到要求，均视为工期违约。中间节点工期每延误一天扣罚 10000 元，在工程款中扣除；竣工验收工期每延误一天扣罚 20000 元。实际进度滞后进度计划超过 60d 时，发包人有权要求更换项目施工管理团队或终止合同。工期延误给发包人带来的一切损失由承包人承担。若因发包人原因引起延误，经发包人签证同意后工期顺延。 本合同通用条款第××款约定承包人违约应承担的违约责任： （1）发包人或监理工程师检查发现的质量问题，在书面整改通知的时间内未整改，每延迟整改一天罚款 2000 元／项；未执行监理报验程序而进行下道工序的罚款 3000 元／次；在施工过程中发现偷工减料现象、使用不合格或以次充好的材料罚款 10000 元／次；经主管部门检查（包括发包人组织的检查）发现的明显质量问题，罚款 5000 元／项。罚金在处罚通知单收到 3d 内必须缴纳。 （2）承包人承建工程范围内的产品按户进行竣工验收，如在竣工验收时因施工质量原因有 15% 及以上户数未一次性通过质监、发包人和监理验收，则按工程结算价款的 2% 予以处罚，在工程结算时扣除；产生质量缺陷经整改仍影响验收和使用的，发包人可从履约保证金中酌情扣罚；发生重大质量事故或不能一次性通过合格验收，扣罚全部履约保证金。 双方约定的承包人其他违约责任： （1）发生安全事故，一切责任均由承包人承担。若发生安全生产重大责任事故，还要扣罚承包人全部该项保证金并追究由此给发包人造成的损失。 （2）如在施工过程中经主管部门检查（包括发包人组织的检查）文明、安全施工不合格，每出现一次不合格，发包人向承包人扣款 5000 元，如整改后仍达不到要求，发包人将视情况予以加倍处罚。承包人应无条件进行整改直至合格。 （3）各施工队伍间若出现打架现象，发包人将视情节严重程度每次处以 2000～20000 元人民币的罚款。 （4）地下室顶板完成后 30d 内，按日常管理要求场地的硬化完成，相应的标识、广告同时完成，否则，发包人有权进行处罚。 （5）人员、机械设备到位：项目经理的到位率达到 80%，主要管理人员（含项目副经理、技术负责人、施工员、质量员、安全员等）以及机械设备的到位率达到 100%，其中经发包人审定的现场项目正经理、技术负责人、施工员到位未达到要求，扣罚该项保证金的 50%；其他管理人员到位率未达到要求扣罚 20%；机械设备到位率未达到要求扣罚 30%。

违约		（6）如在工程施工过程中，承包人任意变动项目班子主要人员，发包人有权对承包人处以每人每天2000元的罚款；若项目班子主要人员由于工作态度等原因，使发包人及监理不满意的，发包人有权要求撤换。 （7）因承包人原因造成分包单位延误工期，产品受损等，费用由承包人承担。
主要约定	其他	1. 不可抗力 双方关于不可抗力的约定：按通用条款执行。 2. 保险 本工程双方约定投保内容如下： （1）发包人投保内容：按通用条款。 （2）承包人投保内容：承包人按国家、省市、地方、行业等规定自行投保，费用自理。 3. 担保 （1）承包人向发包人提供履约担保，担保方式为：合同协议书签署后7d内，中标人应向招标人提交合同总价10%（其中2%用现金形式，另8%用保函形式）作为履约保证金。 （2）双方约定的其他担保事项：履约担保金额中的40%为工程质量履约保证金，20%为工期履约保证金，15%为安全文明施工履约保证金，15%为管理人员和机械设备到位履约保证金，10%为竣工资料及时提交且符合要求履约保证金。履约保证金在工程竣工验收通过、工程和工程资料移交，乙方提交结算书及结算资料后1个月内，发包人扣除应扣罚的违约金后，退还剩余的履约保证金。履约保证金不计利息。 4. 补充约定 （1）发包人另行单独分包工程（包括但不限于以下内容），承包人需配合发包人工作。 1）门窗（含铝合金门窗、铝合金百叶、栏杆、栏板、楼梯栏杆、护窗栏杆等，古建筑、屋顶金属花架、屋面金属装饰构件、外墙金属装饰构件）。 2）精装修工程（含户内精装修、电梯前室等）。 3）外立面石材幕墙、外墙保温涂料、玻璃幕墙等。 4）电梯前室防火门（地下室设备房、屋面机房、出屋面楼梯间防火门由总包施工）。 5）智能建筑工程。 6）消火栓、自动喷淋系统、防排烟系统、火灾自动报警系统、气体灭火系统工程。 7）户式空调、新风、地板辐射供暖、燃气热水炉等暖通工程。 8）电梯安装工程。 9）太阳能热水工程。 10）泳池设备及安装工程。 11）泛光照明工程。 12）市政配套和景观工程。 13）自来水、电力、燃气、电信、有线电视等需各专业职能部门安装的工程。 （2）承包人应妥善保管好散装水泥发货小票原件和购买墙体材料、商品混凝土的发票。承包人应根据发包人的要求提交上述资料，积极配合发包人退回押金；由于承包人原因不能全数退回的损失，由承包人承担责任，在工程结算款中扣除。 （3）承包人不得拖欠民工工资，因拖欠民工工资造成的一切后果均由承包人承担。发包人有权暂扣工程款，代付清工资，并罚扣安全文明施工履约保证金的50%。 （4）总包管理和配合服务费内包含的费用如承包人另立名目再向分包单位收取，发包人有权在承包人的合同款中双倍扣除。 （5）承包人在施工过程中不论遇到何种困难，均不得以任何理由（例如发包人未签证费用）擅自停工或变相停工，否则由此造成的一切后果和经济损失均由承包人承担，同时发包人有权对承包人处以一定的经济处罚。 （6）竣工图必须与实际情况完全一致，且承包方必须在预埋管线的墙面做好走向标识，允许偏差在±5cm以内，如因标识有误造成的损失，均由承包方承担。 （7）承包方在施工过程中，与公安、市政、环保、排污排水、交通、治安、绿化、卫生等方面的关系由承包方自行协调并承担相应的费用。 （8）室外管线工程及局部硬质景观工程施工前，承包方需完成建筑垃圾及材料清运工作，包括塔式起重机、井架基础等的清除，并恢复场地标高至原图标高测量时的标高；另外因室外工程施工需要，承包人在接到发包人书面通知后14d内，配合发包人凿除塔式起重机基础、硬化场地混凝土、施工围墙（包括发包人原已建好的施工围墙）。

续表

| 主要约定 | 其他 | （9）为了确保工程无渗漏，所有卫生间（四周墙壁、管弄井、管道后浇带等）、阳台在移交给精装修施工单位进行施工前必须做养水试验，养水高度应大于 50mm，连续养水时间不少于 48h，当水位降低应及时补足，并需经发包方、监理单位、精装修单位确认盛水试验合格后移交精装修单位；外立面结构完成后，在移交给幕墙施工单位进行施工前必须进行淋水试验，连续淋水时间不少于 48h，并需经发包方、监理单位、幕墙施工单位确认淋水试验合格后移交幕墙施工单位。
（10）为了确保地下室底板、墙面、顶板、屋面等无渗漏，发包方要求在该部位混凝土浇捣时采用二次振捣（即初凝之前采用小平板机再次对混凝土进行振捣）、机械磨平工艺施工，确保混凝土的密实性，同时减少毛孔及收缩裂缝。
（11）施工单位有行贿行为的，一经发现发包方将对承包方处以行贿额 10 倍的罚款，并保留追究相关责任的权利，并将《廉洁协议》作为合同附件。承包方发现发包方工作人员存在索贿等其他《廉洁协议》的事项。
（12）本工程不得转包，一经发现，发包人有权终止合同，由此所产生的一切后果及经济损失均由承包人承担。
（13）在合同实施过程中，如承包人施工队伍素质、力量、机械设备、现场文明施工投入和管理不符合投标书的承诺，造成现场管理混乱、工程质量和进度以及现场文明施工、安全生产达不到预定计划，发包人有权要求其调整充实力量，承包人须无条件接受。当上述措施仍无效时，按违约进行经济处罚，直至终止合同，由此引起的工期及经济损失由承包人负责。
（14）根据目前及以后的用电用水紧张形势，承包人自行考虑在现场自备柴油发电机和用水预防措施，承包人为预防停水停电所做的各项准备费用及施工过程中停水停电引起的费用增加和工期延长，均由承包人自行承担。
（15）双方必须对各自采购的材料质量全面负责，提供产品合格证书、质保书、试验报告。任何一方对材料质量有疑问时，均有权要求复验，复验合格其相关费用由要求停工复验方支付，复验不合格其经济损失及复验费用由材料采购方承担。
（16）承包人承诺所有立管等接口处不漏水，相关处理所需技术措施和费用不再另行计取。
（17）若投标报价中的综合单价与综合单价分析表中的价格不符，以综合单价为准；综合单价分析表中的材料价格与主要材料汇总表中的价格不符时以综合单价分析表中的材料价格为准。
（18）由总承包单位代预埋的所有管道要确保畅通，否则承包人负责解决。 |

合同管理实务	变更	时间	事件	结论	时间	事件	结果
	索赔						
	告知						
	其他						

8.1.4　课题工作任务训练的评价标准

按时完成任务（30%），文本和记录正确（50%），内容的完整性（20%）。

8.1.5　课题工作任务的成果

34. 合同管理汇总表

任务的成果按上述参考格式编制与提交。

8.1.6 课题工作任务训练注意事项

在编制前，要先弄清《合同管理汇总表》的编制次序和编制方法。其次提交课题工作任务训练成果，力求做到《合同管理汇总表》研读的精细化，尽最大努力有针对性地完成《合同管理汇总表》研读。

任务 8.2　变更事实审核记录

8.2.1 课题工作任务的含义和用途

变更事实的审核是指针对施工单位申请的变更，监理单位审核工程变更必要性和可行性，审核工程变更造价合理性，审核工程变更对工期的影响，并签署审核意见。

8.2.2 课题工作任务的背景和要求

总监理工程师组织专业监理工程师审查施工单位提出的工程变更申请，提出审查意见。对涉及工程设计文件修改的工程变更，应由建设单位转交原设计单位修改工程设计文件。必要时，项目监理机构应建议建设单位组织设计、施工等单位召开论证工程设计文件的修改方案的专题会议。

8.2.3 课题工作任务训练的步骤、格式和指导

1. 核对步骤

（1）核对施工单位上报工程变更是否在施工合同内。

（2）核对上报的工程变更情况是否属实。

2. 按照表 8-2，填写工程变更审核意见。

工程变更单（设计）　　　　　　　　　　　　　　　表 8-2

工程名称：××学院学生公寓　　　　　　　　　　　　　　　编号：

致　××学院　： 　　由于　建设单位要求　原因，兹提出　门窗型材变更为铝合金门窗　工程变更，请予以审批。 　　附件： 　　　☑ 变更内容 　　　□ 变更设计图 　　　□ 相关会议纪要 　　　□ 其他 　　　　　　　　　　　　　　　　　　　　　变更提出单位 　　　　　　　　　　　　　　　　　　　　　负责人 　　　　　　　　　　　　　　　　　　　　　　　年　　月　　日

工程数量增（减）/m²	无
费用增（减）/元	增加 2 万

工期变化 /d	0		
达成的一致意见	同意变更		
施工单位（盖章） 项目经理（签字） 年　　月　　日		设计单位（盖章） 设计负责人（签字） 年　　月　　日	
项目监理机构（盖章） 总 / 专业监理工程师（签字） 年　　月　　日		建设单位（盖章） 负责人（签字） 年　　月　　日	

8.2.4　课题工作任务训练的评价标准

按时完成任务（30%），文本和记录正确（50%），内容的完整性（20%）。

8.2.5　课题工作任务的成果

任务的成果按上述参考格式编制与提交。
任务的成果按上述参考格式编制与提交。

8.2.6　课题工作任务训练注意事项

在编制前，要先弄清《工程变更单（设计）》的编制次序和编制方法。其次提交课题工作任务训练成果，力求做到《工程变更单（设计）》审核的精细化，尽最大努力有针对性地完成《工程变更单（设计）》审核。

任务 8.3　索赔事实审核记录

8.3.1　课题工作任务的含义和用途

监理单位在审核工程索赔时应分析产生索赔的原因，分清责任，并对照合同条款，确定索赔是否成立。

8.3.2　课题工作任务的背景和要求

项目监理部在工程实施过程中，应按照合同约定及时收集、整理有关工程费用、工期等方面的原始资料，为处理费用和工期索赔提供依据。

项目监理机构批准施工单位的费用、工期索赔应同时满足下列条件：

（1）施工单位在施工合同约定的期限内提出了费用索赔或工期延期。

（2）索赔事件非施工单位原因造成，且符合施工合同约定；或非施工单位原因造成施工进度滞后。

（3）索赔事件造成施工单位直接经济损失，或施工进度滞后影响到施工合同约定的工期。

8.3.3　课题工作任务训练的步骤、格式和指导

（1）确认索赔内容属实。

（2）判断是否在合同索赔范围内容。

（3）确定可以索赔的费用、工期应如何进行计算。

（4）对照表 8-3 进行索赔事实审核。

索赔事实审核　　　　　　　　　表 8-3

时间	事件	因素	费用	主体行为及证明			备注
				施工单位	监理单位	建设单位	
××××.××.××	门窗型材变更为铝合金门窗	非施工方原因	增加2万元			建设单位要求设计变更的函	

8.3.4　课题工作任务训练的评价标准

按时完成任务（30%），文本和记录正确（50%），内容的完整性（20%）。

8.3.5　课题工作任务的成果

35.索赔事实审核

8.3.6　课题工作任务训练注意事项

在编制前，要先弄清《索赔事实审核》的编制次序和编制方法。其次提交课题工作任务训练成果，力求做到《索赔事实审核》审核的精细化，尽最大努力有针对性地完成《索赔事实审核》审核。

任务 8.4   项目课题工作任务训练质量评价

8.4.1   课题工作任务训练质量自我评估与同学互评

自我评估与同学互评详见表 8-4。

课题工作任务训练质量自我评估与同学互评表   表 8-4

实训项目					
小组编号		场地		实训者	
序号	考核项目	分值	实训要求		自评 / 互评
1	按时完成任务	30	按时按要求完成课题工作任务实训		
2	文本和判断正确	50	成果符合要求，准确		
3	内容完整性	20	记录规范、完整		
实训知识点总结与学习反思：					
小组其他成员评价得分：					
组长评价得分：				评价时间：	

8.4.2   课题工作任务训练质量教师评价

教师评价详见表 8-5。

课题工作任务训练质量教师评价表   表 8-5

实训项目					
小组编号		场地		实训者	
序号	考核项目	分值	实训要求		教师评定
1	按时完成任务	30	按时按要求完成课题工作任务实训		
2	文本和判断正确	50	实训成果符合要求，准确		
3	内容完整性	20	记录规范、完整		
完成课题工作任务存在的问题：					
指导教师：				评价时间：	

项目9　工程监理实务模拟成果评价和整理

9.1　步骤和格式要求

1. 按照"工程监理实务模拟成果"封面样板制作封面（表9-1）。

2. 收集相关资料并进行分类、登记、编目。归档资料的分类和目录如下：

（1）施工图校审（施工图阅读校对、施工图自审纪要、图纸会审记录）；

（2）监理规划审核、监理细则编制（监理规划审核、桩基工程监理细则）；

（3）施工策划审核（施工组织设计报审表、本工程施工组织设计封面＋目录、平面布置图、人员机械使用计划表、施工方案报审表、组织机构审查表）；

（4）施工质量检验（旁站记录、见证取样台账、平行检验记录、分户验收记录、监理评估报告）；

（5）施工安全检查（安全管理检查表、安全设施检查表、安全验收）；

（6）施工进度控制（施工进度计划汇总表、施工方影响因素记录表、非施工方影响因素记录）；

（7）工程造价控制（工程投资控制汇总表、工程量清单与监理初审表、工程变更）；

（8）建设合同管理（合同管理汇总表、变更事实审核记录、索赔事实审核记录）。

3. 组卷、编目、装订。

4. 指导教师需在答辩结束后两周内，向学院资料室移交工程监理实务模拟实践成果资料。

9.2　工程监理实务模拟实践成果整理样本

工程监理实务模拟实践成果整理样本如下。

工程监理实务模拟成果

姓　　　　名：＿＿＿×××＿＿＿

专　　　　业：＿建设工程监理＿

班　　　　级：＿＿＿×××＿＿＿

学　　　　号：＿＿＿×××＿＿＿

学校指导教师：＿×××　×××＿

工地指导师傅：＿＿＿×××＿＿＿

二〇　　年　　月　　日

目　　录

工程监理实务模拟成绩评定表

考评类别	考评项目		考评记录	标准分值	实际得分	
	施工图校审		按时完成任务（30%）			
			文本和判断正确（50%）	10		
			内容的完整性（20%）			
	监理规划审核、监理细则编制		按时完成任务（30%）			
			文本和判断正确（50%）	10		
			内容的完整性（20%）			
	施工策划审核		按时完成任务（30%）			
			文本和判断正确（50%）	10		
			内容的完整性（20%）			
	施工质量检验		按时完成任务（30%）			
			文本和判断正确（50%）	10		
			内容的完整性（20%）			
	施工安全检查		按时完成任务（30%）			
			文本和判断正确（50%）	10		
			内容的完整性（20%）			
	施工进度控制		按时完成任务（30%）			
			文本和判断正确（50%）	10		
			内容的完整性（20%）			
	工程造价控制		按时完成任务（30%）			
			文本和判断正确（50%）	10		
			内容的完整性（20%）			
	建设合同管理		按时完成任务（30%）			
			文本和判断正确（50%）	10		
			内容的完整性（20%）			
	实践答辩		（答辩老师 1 提问记录）	20/n		
			（答辩老师 2 提问记录）	20/n	20	
			（答辩老师 3 提问记录）	20/n		
			（答辩老师 n 提问记录）	20/n		
实践答辩 教师签名						
总评成绩（合计）				100		
指导老师签名确认						

参 考 文 献

［1］中华人民共和国住房和城乡建设部．建设工程监理规范：GB/T 50319—2013［S］．北京：中国建筑工业出版社，2015.

［2］浙江住房和城乡建设厅．建设工程监理工作标准：DBJ33/T 1104—2022［S］．杭州：浙江工商大学出版社，2014.

［3］林滨滨，郑嫣．建设工程质量控制与安全管理［M］．北京：清华大学出版社，2019.

［4］沈万岳，林滨滨．建设工程安全监理［M］．北京：北京大学出版社，2012.

［5］沈万岳，傅敏．建设工程监理职业理论与法规［M］．北京：清华大学出版社，2019.

［6］余春春，傅敏．建设工程投资控制与合同管理［M］．北京：清华大学出版社，2019.

［7］沈万岳，傅敏．建设工程施工组织与进度控制［M］．北京：清华大学出版社，2019.

［8］浙江省住房和城乡建设厅．建筑施工安全管理规范：DB33/T 1116—2015［S］．北京：中国计划出版社，2015.